新世纪高职高专
电气自动化技术类课程规划教材

U0727345

电力基础实验实训指导

DIANLI JICHU SHIYAN SHIXUN ZHIDAO

新世纪高职高专教材编审委员会 组编

主编 谢小乐 王 辉

副主编 杨菊梅 周向阳

钟永安 朱新荣 俞高宾

主审 方益秋

大连理工大学出版社

DALIAN UNIVERSITY OF TECHNOLOGY PRESS

图书在版编目(CIP)数据

电力基础实验实训指导 / 谢小乐，王辉主编. — 大
连：大连理工大学出版社，2012.1(2012.12 重印)
新世纪高职高专电气自动化技术类课程规划教材
ISBN 978-7-5611-6674-1

Ⅰ. ①电… Ⅱ. ①谢… ②王… Ⅲ. ①电工技术－高
等职业教育－教学参考资料②电子技术－高等职业教育－
教学参考资料 Ⅳ. ①TM②TN

中国版本图书馆 CIP 数据核字(2011)第 278608 号

大连理工大学出版社出版
地址:大连市软件园路 80 号 邮政编码:116023
发行:0411-84708842 邮购:0411-84703636 传真:0411-84701466
E-mail:dutp@dutp.cn URL:http://www.dutp.cn
大连力佳印务有限公司印刷 大连理工大学出版社发行

幅面尺寸:185mm×260mm 印张:9.5 字数:228 千字
印数:4001～7000
2012 年 1 月第 1 版 · 2012 年 12 月第 2 次印刷

责任编辑:唐 爽 责任校对:孟大鹏
封面设计:张 莹

ISBN 978-7-5611-6674-1 定 价:22.00 元

总　序

　　我们已经进入了一个新的充满机遇与挑战的时代,我们已经跨入了21世纪的门槛。

　　20世纪与21世纪之交的中国,高等教育体制正经历着一场缓慢而深刻的革命,我们正在对传统的普通高等教育的培养目标与社会发展的现实需要不相适应的现状作历史性的反思与变革的尝试。

　　20世纪最后的几年里,高等职业教育的迅速崛起,是影响高等教育体制变革的一件大事。在短短的几年时间里,普通中专教育、普通高专教育全面转轨,以高等职业教育为主导的各种形式的培养应用型人才的教育发展到与普通高等教育等量齐观的地步,其来势之迅猛,发人深思。

　　无论是正在缓慢变革着的普通高等教育,还是迅速推进着的培养应用型人才的高职教育,都向我们提出了一个同样的严肃问题:中国的高等教育为谁服务,是为教育发展自身,还是为包括教育在内的大千社会? 答案肯定而且唯一,那就是教育也置身其中的现实社会。

　　由此又引发出高等教育的目的问题。既然教育必须服务于社会,它就必须按照不同领域的社会需要来完成自己的教育过程。换言之,教育资源必须按照社会划分的各个专业(行业)领域(岗位群)的需要实施配置,这就是我们长期以来明乎其理而疏于力行的学以致用问题,这就是我们长期以来未能给予足够关注的教育目的问题。

　　众所周知,整个社会由其发展所需要的不同部门构成,包括公共管理部门如国家机构、基础建设部门如教育研究机构和各种实业部门如工业部门、商业部门,等等。每一个部门又可作更为具体的划分,直至同它所需要的各种专门人才相对应。教育如果不能按照实际需要完成各种专门人才培养的目标,就不能很好地完成社会分工所赋予它的使命,而教育作为社会分工的一种独立存在就应受到质疑(在市场经济条件下尤其如此)。可以断言,按照社会的各种不同需要培养各种直接有用人才,是教育体制变革的终极目的。

　　随着教育体制变革的进一步深入,高等院校的设置是否会同社会对人才类型的不同需要一一对应,我们姑且不论。但高等教育走应用型人才培养的道路和走研究型(也是一种特殊应用)人才培养的道路,学生们根据自己的偏好各取所需,始终是一个理性运行的社会状态下高等教育正常发展的途径。

　　高等职业教育的崛起,既是高等教育体制变革的结果,也是高等教育体制变革的一个阶段性表征。它的进一步发展,必将极大地推进中国教育体制变革的进程。作为一种应用型人才培养的教育,它从专科层次起步,进而应用本科教育、应用硕士教育、应用博士教育……当应用型人才培养的渠道贯通之时,也许就是我们迎接中国教育体制变革的成功之日。从这一意义上说,高等职业教育的崛起,正是在为必然会取得最后成功的教育体制变革奠基。

　　高等职业教育还刚刚开始自己发展道路的探索过程,它要全面达到应用型人才培养的正常理性发展状态,直至可以和现存的(同时也正处在变革分化过程中的)研究型人才培养的教育并驾齐驱,还需要假以时日;还需要政府教育主管部门的大力推进,需要人才需求市场的进一步完善发育,尤其需要高职教学单位及其直接相关部门肯于做长期的坚忍不拔的努力。新世纪高职高专教材编审委员会就是由全国100余所高职高专院校和出版单位组成的旨在以推动高职高专教材建设来推进高等职业教育这一变革过程的联盟共同体。

　　在宏观层面上,这个联盟始终会以推动高职高专教材的特色建设为己任,始终会从高职高专教学单位实际教学需要出发,以其对高职教育发展的前瞻性的总体把握,以其纵览全国高职高专教材市场需求的广阔视野,以其创新的理念与创新的运作模式,通过不断深化的教材建设过程,总结高职高专教学成果,探索高职高专教材建设规律。

　　在微观层面上,我们将充分依托众多高职高专院校联盟的互补优势和丰裕的人才资源优势,从每一个专业领域、每一种教材入手,突破传统的片面追求理论体系严整性的意识限制,努力凸现高职教育职业能力培养的本质特征,在不断构建特色教材建设体系的过程中,逐步形成自己的品牌优势。

　　新世纪高职高专教材编审委员会在推进高职高专教材建设事业的过程中,始终得到了各级教育主管部门以及各相关院校相关部门的热忱支持和积极参与,对此我们谨致深深谢意,也希望一切关注、参与高职教育发展的同道朋友,在共同推动高职教育发展、进而推动高等教育体制变革的进程中,和我们携手并肩,共同担负起这一具有开拓性挑战意义的历史重任。

新世纪高职高专教材编审委员会

2001 年 8 月 18 日

前　言

　　《电力基础实验实训指导》是新世纪高职高专教材编审委员会组编的电气自动化技术类课程规划教材之一。

　　本书是依据高职高专教育特点，针对高职高专院校电力基础能力训练这一重要的实践性教学环节而编写的。本书以培养技能应用型人才为目标，特别注重对学生理论与实践相结合的能力和对他们在实际工作中动手能力的培养，同时也注意了学习内容与实践一线有关设备的关联。

　　本书面对目前许多高职高专院校的实际情况，整合了对于许多专业都适用的各种实验实训指导教程、电工操作的安全规范和基本知识，汇编成册。所以本书的特点是：内容详尽、具体务实、通用性强。

　　本教材共分六篇，分别为：电工基础实验指导、电工测量实验指导、电子技术实验实训指导、电机实验实训指导、仪表及照明电路实训指导、电工工艺实训指导。

　　本书由江西电力职业技术学院谢小乐、王辉担任主编，杨菊梅、周向阳、钟永安、朱新荣、俞高宾担任副主编。具体编写分工如下：第一篇由钟永安、杨菊梅编写；第二篇由朱新荣、钟永安编写；第三篇由周向阳编写；第四篇由王辉编写；第五篇由谢小乐编写；第六篇由杨菊梅、俞高宾编写。全书由谢小乐负责统稿。江西电力职业技术学院方益秋审阅了全书并提出了许多宝贵的意见和建议，在此表示衷心感谢！

新世纪

尽管我们在探索《电力基础实验实训指导》教材建设的特色方面做出了许多努力,但由于编者的水平有限,加之时间仓促,教材中难免存在一些疏漏和不足之处,恳请读者批评指正,并将建议及时反馈给我们,以便修订时改进。

所有意见和建议请发往:dutpgz@163.com

欢迎访问我们的网站:http://www.dutpbook.com

联系电话:0411-84707424　84706676

编　者

2012 年 1 月

目　录

第一篇

电工基础实验指导

随着科技的迅猛发展,当今社会需要的是一技多能的复合型人才。而实验、实训是培养学生一技多能的最基本的环节,是对学生实际动手操作能力的基本训练之一。对电工基础课程来说,电工基础实验课是教学中配套的实践性环节,也是本课程必不可少的一个重要环节。

§1-1　安全用电

一、实验目的

1.知道防止人身触电的技术措施和电气工作的安全措施。

2.熟悉电气安全用具。

3.掌握触电救护的方法。

二、实验内容

1.学习防止人身触电的技术措施和电气工作的安全措施

电流对人体的伤害有电击和电伤。电击是电流对人体内部组织的伤害,是最危险的一种伤害。按照人体触及带电体的方式和电流流经人体的途径,人体触电的形式分为:与带电体直接接触触电(有单相触电、两相触电)、跨步电压触电和间接接触触电压触电等。因此,针对人身触电的情况,必须从电气设备本身采取措施,以及从事电气工作时采取妥善的保证人身安全的技术措施和安全措施。防止间接接触触电的安全措施有保护接地、重复接地、工作接地、保护接零及采取安全电压和漏电保护等。其中保护接地与保护接零是防止人体触及绝缘损坏的电气设备所引起的触电事故而采取的有效措施。

(1)保护接地

保护接地是指为防止电气设备绝缘损坏而使人体有触电危险,将电气设备的金属外壳与接地体相连接。原理如图1-1所示。

保护接地的适用范围:在各种不接地配电网和高压不接地配电网中,凡由于绝缘损坏或其他原因而可能带危险电压的正常不带电金属部分,除另有规定外,均应接地。

保护接地的作用:将电气设备在正常情况下不带电的金属外壳与接地体作良好连接

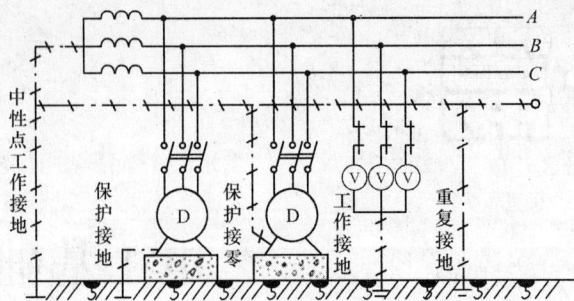

图 1-1　保护接地、保护接零、工作接地和重复接地

以保证人身安全。

（2）保护接零

保护接零是指将设备金属外壳与保护零线连接。

保护接零的适用范围：用于电压 0.23/0.4 kV 低压中性点直接接地的三相四线配电系统。

保护接零的作用：把电气设备正常情况下不带电的金属部分与电网的零线良好连接以有效地保护人身的安全。

（3）工作接地

工作接地是指在正常或故障情况下，为保证电气设备安全可靠工作，将电力系统中的某一点（如系统中变压器的中性点）直接或经特殊装置接地。

工作接地的作用：降低人体的接触电压，迅速切断故障设备，降低电气设备和输电线路的绝缘水平，保持系统电位的稳定性，即减轻低压系统由高压窜入低压等原因所产生过电压的危险性。

（4）重复接地

重复接地是指将零线的一处或多处通过接地装置与大地再次连接的接地。

重复接地的适用范围：户外架空线路的干线或分支线的中点及沿线每 1 000 m 处，分支线长度超过 200 m 分支处，电缆和架空线路在引入车间及大型建筑物的第一面配电装置处（进户处），零线的重复接地采用金属管配线时，金属管与保护零线连接后作重复接地，采用塑料管配线时，另行敷设保护零线并作重复接地。

重复接地的作用：降低漏电设备外壳的对地电压，减轻零线断线时的触电危险，防止零线断线时负载中性点"漂移"。

（5）安全电压

安全电压与通常所说的低电压是两个不同的概念。根据我国具体条件和环境，一般规定的安全电压有 36 V、24 V 和 12 V。在干燥、温暖、无导电粉尘、地面绝缘的环境中也有以 65 V 作为安全电压的。

①携带式作业灯、隧道照明、机床局部照明、距离地面高度 2.5 m 的照明，以及部分手持电动工具等，安全电压均采用 36 V。在地方狭窄、工作不便、潮湿阴暗，以及工作人员在工作中需要接触大面积金属表面等危险环境中（如在矿井、锅炉汽包内工作），必须采用 12 V 的安全电压。

②电焊设备的二次电压在开路时采用 65 V。

③电力电容器从电源上断开后,应通过放电装置进行放电,以保证运行和检修人员在停电的电容器上进行工作时安全。无论电容器的额定电压为多少,在切断电源后的 30 s 之内,电容器端电压不得超过 65 V。

④采用降压变压器(即行灯变压器)取得安全电压,并应采用双线圈变压器,以使安全电压的二次线圈与一次电源线圈间只有电磁交变的联系,而不发生直接的电气联系。此外,安全电压的供电网络的中性线或一根相线应接地,以防由电源电压引起的触电危险。

2.电气工作的安全措施

电气工作的安全措施有保证安全的组织措施和保证安全的技术措施。

(1)安全的组织措施有工作票制度,操作票制度,工作许可制度,工作监护制度,工作间断、转移和终结制度。

(2)保证安全的技术措施有停电、验电、装设接地线、悬挂标示牌和装设遮拦。

3.电气安全用具

(1)电气安全用具的种类

电气安全用具是保证操作者安全地进行电气工作所必不可少的工具,包括绝缘安全用具和一般防护用具。绝缘安全用具分为基本绝缘安全用具和辅助绝缘安全用具两种。高压设备的基本绝缘安全用具有绝缘棒、绝缘夹钳和高压验电器。高压设备的辅助绝缘安全用具有绝缘手套、绝缘靴、绝缘垫和绝缘台。低压设备的基本绝缘安全用具有绝缘手套、装有绝缘柄的工具和低压验电器。低压设备的辅助绝缘安全用具有绝缘台、绝缘垫及绝缘靴。

(2)电气安全用具的用途和使用

①绝缘棒:绝缘棒由工作部分、绝缘部分、手握部分及隔离环(护环)组成。绝缘棒结构如图 1-2 所示。

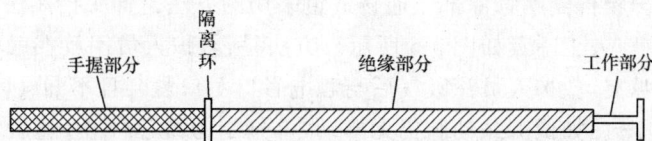

图 1-2　绝缘棒结构

绝缘棒用于断开和闭合高压刀闸、跌落式熔断器,安装和拆除携带型接地线以及进行带电测量等工作。

②绝缘夹钳:绝缘夹钳由工作钳口、绝缘部分和手握部分三部分组成。绝缘夹钳是在带电的情况下用来安装和拆除高压保险器或执行其他类似工作的工具。绝缘夹钳在 35 kV 及以下的电气设备上拆除熔断器等工作时使用。绝缘夹钳结构如图 1-3 所示。

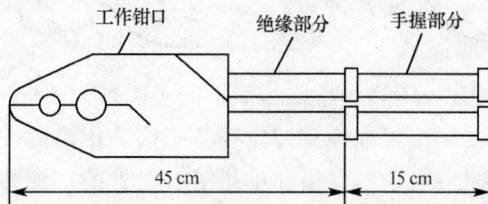

图 1-3　绝缘夹钳结构

③验电器:验电器有高压验电器和低压验电器(即试电笔)。其用途是检查电气设备或线路是否带有电压。验电器结构如图 1-4 所示。

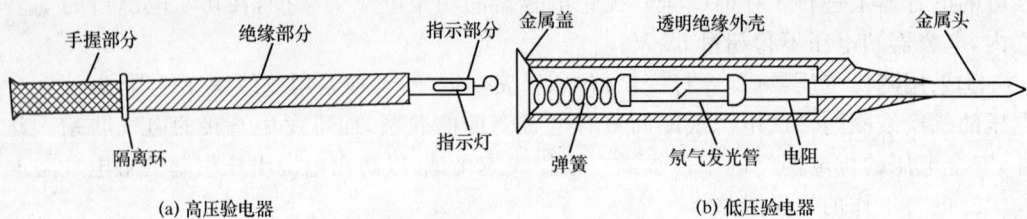

(a) 高压验电器　　　　　　　　　　　(b) 低压验电器

图 1-4　验电器结构

低压验电器的使用方法:验电时应逐渐靠近带电部分,到氖气发光管发亮为止,不要直接接触带电部分,低压验电器不应受临近带电装置的影响而发亮。验电时应戴绝缘手套,并使用与被试验设备相应电压等级的低压验电器。

低压验电器除用于检查、判断低压电气设备或线路是否带电外,还可以区分火线和地线(使氖气发光管发亮的是火线,不亮的是地线);区分直流电和交流电(交流电通过氖气发光管时两极附近都发亮,直流电通过氖气发光管时仅一个电极附近发亮)。

4.触电救护

触电救护的原则是:就地、迅速、准确、坚持。

发生触电事故后,首先要使触电者迅速脱离电源,而后通过看、听、试,检查触电者有无呼吸,判定心跳是否停止。发现呼吸心跳停止时,应立即按心肺复苏法支持生命的三项基本措施,即通畅气道、口对口(鼻)人工呼吸、胸外按压(人工循环)正确进行就地抢救。

(1)通畅气道就是在触电者呼吸停止后,始终要确保气道通畅。口内有异物时,要将身体及头部同时侧转,迅速用一个手指或用两个手指交叉从口角处插入取出异物。操作中要注意防止将异物推到咽喉深部。通畅气道采用的方法是仰头抬颏法,如图 1-5 所示。

(2)口对口(鼻)人工呼吸如图 1-6 所示。方法是:救护人员用放在触电者额头的手的手指捏住伤员的鼻翼,救护人员深吸气后与触电者口对口紧合且不漏气,先连续大口吹气两次,每次 1~1.5 s。如试测颈动脉仍无搏动,可判定心跳已停止,随后立即进行胸外按压。当触电者牙关紧闭,可采取口对鼻人工呼吸。注意:除开始大口吹气两次外,正常口对口(鼻)呼吸的吹气量不需过大。

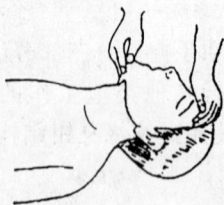

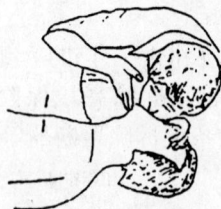

图 1-5　仰头抬颏法　　　　图 1-6　口对口(鼻)人工呼吸

(3)胸外按压要做到按压位置准确和按压姿势正确。正确的按压位置如图 1-7 所示。确定正确按压位置的方法是:右手的食指和中指沿触电者的右侧肋弓下缘向上,找到肋骨和胸骨结合处的中点;两手指并齐,中指放在切迹中点(剑突底部),食指平放在胸骨下部;

另一只手的掌根紧挨食指上缘,置于胸骨上,即为正确的按压位置。正确的按压姿势如图1-8所示,方法是:使触电者仰面躺在平硬的地上,救护人员立或跪在触电者一侧肩旁,救护人员的两肩位于触电者胸骨正上方,两臂伸直,肘关节固定不屈,两手掌根相叠,手指翘起,不接触伤员胸壁;以髋关节为支点,利用上身的重力,垂直将正常成人胸骨压陷3～5 cm(儿童和瘦弱者酌减);压至要求程度后,立即全部放松,但放松时救护人员的掌根不得离开胸壁。按压必须有效,有效的标志是按压过程中可以触及颈动脉搏动。

按压时注意操作频率要求以均匀速度进行,80次/min左右,每次按压和放松的时间相等。

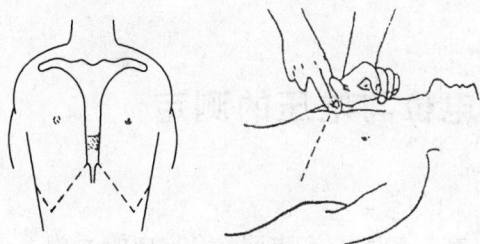

图 1-7　正确的按压位置　　　　　　　　　图 1-8　正确的按压姿势

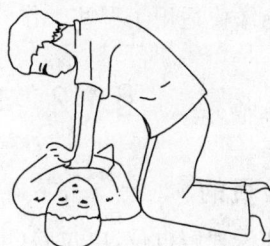

三、实验要求

1.通过实验掌握电气安全用具的使用。

2.学会触电救护的心肺复苏法。

四、实验注意事项

1.使用绝缘棒时的注意点

(1)操作前用干净的干布擦净绝缘棒的表面,选择绝缘棒的型号、规格必须符合规定,切不可任意取用。

(2)操作者在操作时应该穿绝缘靴或站在绝缘垫(台)上,戴上绝缘手套,并且手握部分越过隔离环。

(3)在使用绝缘棒时要注意防止碰撞,以免损坏表面的绝缘层。

(4)绝缘棒应存放在干燥的地方,并且应按规定进行定期绝缘试验。

(5)在下雨、下雪或潮湿的天气,室外使用绝缘棒时,棒上应装有防雨的伞形罩,使绝缘棒的伞下部分保持干燥。没有伞形罩的绝缘棒不宜在上述天气中使用。

2.使用绝缘夹钳时的注意点

(1)操作前用干净的干布把绝缘夹钳的表面擦净。

(2)操作时,操作者应穿上绝缘靴、戴上防护眼镜及绝缘手套,必须在切断负载的情况下进行操作。

(3)在潮湿天气中要使用专门的防雨夹钳。

(4)绝缘夹钳必须按规定进行定期试验。

3.使用验电器时的注意点

(1)使用前应将验电器在确有电源处试测,证明验电器确定良好,方可使用。

（2）验电器绝缘手柄较短，使用时应特别注意手握部位不得超过隔离环。

（3）使用时，应逐渐靠近被测物体，直到氖气发光管亮；只有氖气发光管不亮时，才可与被测物体直接接触。

（4）室外使用验电器，必须在气候条件良好的情况下。在雪、雨、雾及湿度较大的情况下，不宜使用。

五、思考题

1.试述安全用电的重要性。

2.电击会对人体造成什么伤害？

3.绝缘棒适用于哪些工作？

§1-2　电路中电位与电压的测定

一、实验目的

1.加深理解电位、电位差（电压）、电位参考点及电位、电流参考方向的意义。

2.通过实验证明电路中各点电位的相对性、电压的绝对性、等电位点的公共性。

3.学习直流电路中各点电位的测量方法，并掌握电位图的绘制方法。

二、实验设备

1.直流双路稳压电源，1台；

2.电阻箱或电阻，2个（可以 KVL、KCL 实验电路板中取2个电阻）；

3.滑线变阻器（1 kΩ），1个；

4.直流电压表，1块；

5.直流电流表，1块。

三、实验原理与说明

　　一个由电动势和电阻元件构成的闭合回路中，必然存在电流的流动，电流是正电荷在电动势作用下沿电路移动的集中表现，并且我们习惯规定正电荷是由高电位点向低电位点移动的。因此，在一个闭合电路中各点都有确定的电位关系。但是，电路中各点的电位高低都只是相对的，所以我们必须在电路中选定某一点作为比较点（或称参考点），并规定这点的电位为零，则电路中其余各点的电位就能以该零电位点为准进行计算或测量。

　　在一个确定的闭合电路中，各点电位高低虽然相对参考点电位的不同而改变，但任意两点间的电位差（电压）则是绝对的，它不会因参考点的变化而改变。

　　根据上述电位与电压的性质，我们就可以用一个电压表来测量各点电位与任意两点间的电压。如果电位作纵坐标，电路中各点位置（电阻）作横坐标，将测量到的各点电位在坐标平面中标出，并把标出点按顺序用直线相连就可得到电路的电位变化图。每段直线即表示两点间电位变化的情形。在如图 1-9 所示原理电路图中，假设选定 a 点为电位参考点，并且将 a 点连接到大地作为零电位点，从 a 点开始顺时针或逆时针作图均可。当然，在电路中选任何点作参考点都可，不同参考点所作电位图形是不同的，但是电位变化规律是一样的。

如果以 a 点开始顺时针方向作图,则可得到如图 1-10 所示电位图。以 a 点为坐标原点自 a 到 b 的电阻为 R_3,在横坐标上取 R_3 大小按比例尺得 b 点,因 b 点的电位是 Φ_b,作出 b' 点,因 a 点的电位 $\Phi_a = 0$,所以 $\Phi_b - \Phi_a = \Phi_b = -IR_3$,电流方向自 a 到 b,a 点电位应较 b 点电位高,因为 $\Phi_a = 0$,所以 Φ_b 是负电位,直线 ab' 即表示电位在 R_3 中的变化情形,直线的斜率即表示电流的大小。自 b 到 c 为电源,如果其内电阻忽略,则 b 到 c 将升高一电位,其值等于 E_1,即 $\Phi_c - \Phi_b = E_1$,$\Phi_c = \Phi_b + E_1 = E_1 - IR_3$,因为电源无内阻,故 b 点与 c 点合一,而且直线自 b' 直线上升至 c',$b'c' = E_1$。以此类推可以作出完整电位变化图。显见,沿回路一周,终点与起点同为 a 点,可见沿闭合电路一周所有电位相加总和必定等于所有电位降相加总和。

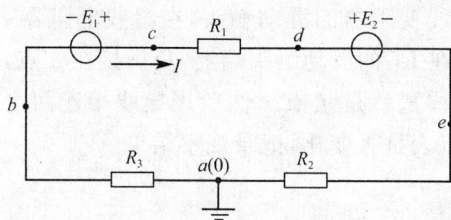

图 1-9 原理电路图

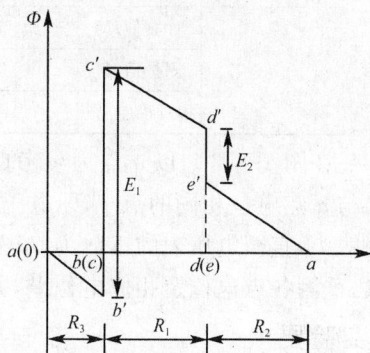

图 1-10 电位图

如果将 a 点电位升高(或降低)某一数值,则电路中各点电位也变化同样的值,但两点电位差仍然不变。

在电路中可能有两个或多个电位相等的点,如果将这些点全部用导线连接起来,则连接导线中不会有电流,对整个电路的状态也不会改变。

此外,作电位图或实验测量中必须正确区分电位和电位差的正负。按照惯例以电流方向的电位降为正,电位差 $U_{ab} = \Phi_a - \Phi_b$,如果为正即表示 a 点电位高于 b 点,如果为负即表示 a 点电位低于 b 点。在用电压表测量时,如果指针正偏转,则电压表正极电位高于负极电位。

四、实验内容与步骤

1. 按照图 1-11 所示接线,经老师检查允许后,合上电源,并使两路电压源输出调至图中所给的参数。

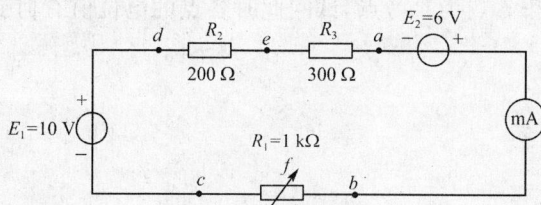

图 1-11 实验接线电路图

2.先固定滑线变阻器的滑动触头不动,使 R_1 为某一值,以 a 点为电位参考点,测 a、b、c、d、e 五点的电位 Φ_a、Φ_b、Φ_c、Φ_d、Φ_e 与 U_{ab}、U_{bc}、U_{cd}、U_{de}、U_{ea},并计算电位 Φ_a、Φ_b、Φ_c、Φ_d、Φ_e 与电压 U_{ab}、U_{bc}、U_{cd}、U_{de}、U_{ea},将数据记入表 1-1 中。

3.以 d 点为参考点,重复上述测量,数据记入表 1-1 中。

表 1-1 实验数据

电位参考点	Φ 与 U	Φ_a	Φ_b	Φ_c	Φ_d	Φ_e	U_{ab}	U_{bc}	U_{cd}	U_{de}	U_{ea}
	计算值/V										
a	测量值/V										
	相对误差/%										
	计算值/V										
d	测量值/V										
	相对误差/%										

4.在图 1-11 中,以 a 点为参考点,移动滑线变阻器的滑动触头,在滑线电阻器 R_1 上找出与 a 点电位相同的点 f,即电压表正极接在 R_1 的滑动触头端上,负极接在 a 点,移动滑动触头,直至电压表的读数为 0,这时 R_1 的位置就是 f 点。然后用导线相连两个等电位点,重测各点电位及相应电位差,并观察电流表是否变化,记录观察结果。

五、实验要求

1.完成实验数据表中的测量与计算,对误差作出必要的分析。

2.根据实验资料,绘制两个电位图,并对照观察各对应两点间的电压情况。两个电位图的参考点不同,但各点的对应顺序应一致,以便于对照。

3.总结电位相对性与电压的绝对性的结论。

4.心得体会与其他。

六、实验注意事项

1.若实验过程中使用的是机械式的电压表和电流表,要认清两表的极性,不要使表的指针反偏。

2.测量各点的电压与电位时,要注意同时记下数据的正负。

七、思考题

1.电位与电压的区别是什么?

2.在电路中,电流流通的必要条件是什么?

3.若分别以 e 点和 f 点为参考点,试问此时各点的电位值有何变化?

§1-3　基尔霍夫定律的验证

一、实验目的

1. 验证基尔霍夫电流定律和基尔霍夫电压定律。
2. 加深对参考方向的理解。
3. 学会电压表、电流表、直流稳压电源的使用方法。
4. 学习查找电阻电路的开路和短路故障。

二、实验设备

1. 直流双路稳压电源,1台;
2. 实验电路板(电阻箱),1块(5个);
3. 直流电压表,1块;
4. 直流电流表,1块。

三、实验原理

基尔霍夫定律是电路中最基本的定律之一,它阐明了电路整体结构必须遵守的规律,应用极为广泛。

基尔霍夫定律有两条:一是基尔霍夫电流定律,二是基尔霍夫电压定律。

1. 基尔霍夫电流定律(英文缩写为 KCL)

其内容是:在任意时刻,流入到电路任一节点的电流总和等于从该节点流出的电流总和。这个定律实际上是电流连续性的表现,运用这个定律必须注意电流的方向,如果不知道电流的真实方向,可以先假设每一电流的正方向(也称参考方向),根据参考方向就可写出基尔霍夫电流定律的表达式。如图 1-12 所示,电路中某一节点 N,共有 5 条支路与它相连,5 个电流的参考正方向如图所示,根据基尔霍夫电流定律就可以写出

$$I_1 + I_2 + I_3 + I_4 + I_5 = 0$$

如果把基尔霍夫电流定律写成一般形式就是 $\sum I = 0$。显然,这条定律与各支路上接的是什么样的元件无关,不论是线性电路还是非线性电路,它是普遍适用的。

基尔霍夫电流定律原是用于某一节点的,我们也把它推广运用于任一假设的封闭面。如图 1-13 所示,封闭面 S 所包含的 3 条支路与电路其余部分相连接,其电流为 I_1、I_2、I_3,则 $I_1 + I_2 + I_3 = 0$。因为对于任一封闭面,电流仍然是连续的。

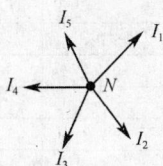

图 1-12　KCL 应用于节点　　　　图 1-13　KCL 应用于封闭面

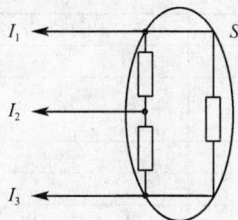

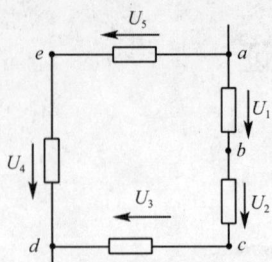

图 1-14　KVL 应用于电路

2.基尔霍夫电压定律(英文缩写为 KVL)

其内容是:在任意时刻,沿闭合回路电压的代数和总等于零,把这一定律写成一般形式就是 $\sum U=0$。如图 1-14 所示的闭合电路中,电阻两端的电压参考正方向如箭头所示,如果从节点 a 出发,顺时针方向绕行一周又回到 a 点,便可写出: $U_1+U_2+U_3-U_4-U_5=0$。显然,这条定律与闭合回路上元件的性质无关,因此,不论是线性电路还是非线性电路,它是普遍适用的。

四、实验内容与步骤

1.验证基尔霍夫电压定律

(1)在直流稳压电源的两端并联电压表,并选择好电压表的量程,使其电压输出为图中所给参数,电源调好后保持不变(即直流稳压电源的粗调开关、细调开关不能动),并将电源的开关关掉。

(2)按图 1-15 所示连接实物电路图。

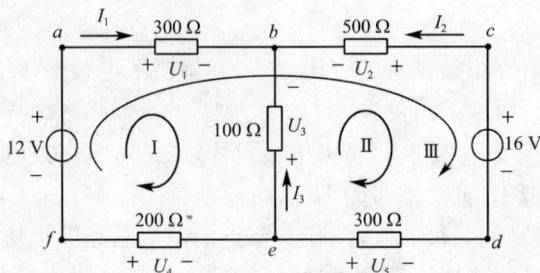

图 1-15　验证 KVL 和 KCL

(3)电路图连接正确后,打开电源开关,用电压表并联到每个电阻元件的两端,测量每个电阻元件的电压,并将每个电阻的电压分别记入表 1-2 中。

要求:电压表的连接按图 1-15 中所示参考方向测量,即将电压表的正极连接到参考方向的正极所在节点,电压表的负极连接到参考方向的负极所在节点。如使用机械式的电压表,当按参考方向连接电压表后,若指针反偏,则将电压表的正负极性对调,但读数时要加上负号。

(4)将测量的电压按图 1-15 中所选的参考方向在各闭合回路进行代数和相加,若结果等于 0 或近似等于 0,则验证了基尔霍夫电压定律。

表 1-2　　　　　　　　　　　　　　　　　实验数据

电压	计算值/V	测量值/V	相对误差/%
U_1			
U_2			
U_3			
U_4			
U_5			
(回路 I) $\sum U$	$U_1-U_3-U_4-12=$		
(回路 II) $\sum U$	$-U_2+16-U_5+U_3=$		
(回路 III) $\sum U$	$U_1-U_2+16-U_5-U_4-12=$		

2.验证基尔霍夫电流定律

(1)仍按图 1-15 所示接线,电流参考方向如图中所示。

(2)将连接电流表的插头插入电路中,同时将测量电流专线的另一端与电流表连接,根据电路图所选取的参考方向,应该将红色的端钮接入电流表的正极,黑色的端钮接入电流表的负极。

(3)所测各条支路电流的数据记入表 1-3。

表 1-3　　　　　　　　　　　　　　实验数据

电流	计算值/mA	测量值/mA	误差/%
I_1			
I_2			
I_3			
$\sum I = I_1 + I_2 + I_3 =$			

3.电阻电路的开路、短路故障的查找

电阻电路的开路、短路故障的查找方法有外观法、替代法、欧姆表法、电压表法、电流表法等。在此,介绍电压表法,即检查电路供电正常后,用电压表依次对各段两点间进行测量,查出故障的位置和原因。如图 1-15 所示电路:如果某处断路,则该处电压为电源电压,其余各处电压为零;若电路中某处存在短路故障,则该处电压为零,而其余各处电压不为零。

五、实验要求

1.完成实验测试,填好数据表。

2.根据基尔霍夫定律计算各条支路的电压与电流。

3.计算结果与实验测量结果进行比较,说明误差的原因。

4.总结对基尔霍夫定律的认识。

六、实验注意事项

1.实验时,若使用机械式的电压表、电流表,操作人员应注意仪表指针的偏转方向。如出现反偏,应迅速断开电路,极性互换后,再接入读取数值。但记录数据时必须加上负号。

2.电压表、电流表应选择合适的量程,千万不能把电流表当电压表使用。

七、思考题

1.为减小误差,电源的输出电压应在接通电路前测量,还是在接通电路后测量?

2.已知某支路的电流为 4 mA 左右,现在有量程分别为 5 mA 和 10 mA 的两只电流表,你将使用哪一只电流表进行测量? 为什么?

3.某同学在做此实验,用测量数据验证基尔霍夫定律时,发现它们的代数和不为零(代数和的数值较大),则判定其原因是因为电路中取用了非线性电阻的缘故。试问该判定结果对吗? 为什么?

§1-4 叠加定理的验证

一、实验目的

1. 验证叠加定理的正确性。
2. 加深对叠加定理的内容的理解,掌握叠加定理的适用范围。
3. 进一步加深对参考方向的理解。

二、实验设备

1. 直流双路稳压电源,1 台;
2. 实验电路板(电阻箱),1 块(5 个);
3. 直流电压表,1 块;
4. 直流电流表,1 块。

三、实验原理

当几个电源在某线性网络中共同作用时,可以是几个电压源或电流源共同作用,也可以是电压源与电流源混合共同作用,它们在电路中任一支路产生的电流或在任一元件上所产生的电压等于这些电源分别单独作用时,在该部分所产生电流或电压的代数和,这一结论,称为线性电路的叠加原理。如果是非线性电路,叠加原理不适用。

叠加原理只适合电压或电流的叠加,不适合功率的叠加。

四、实验内容与步骤

1. 在直流稳压电源的两端并联电压表,并选择好电压表的量程,使其电压输出为图中所给参数,电源调好后保持不变(即直流稳压电源的粗调开关、细调开关不能动),并将电源的开关关掉。

2. 按图 1-16 所示接线,选取 $U_{S1} = 12$ V、$U_{S2} = 16$ V,各电阻参数和电流、电压的参考方向均如图所示。经教师检查后,合上电源开关,测量两个电压源共同作用时每个电阻元件的电压与各条支路的电流,并将数据记入表 1-4 中。

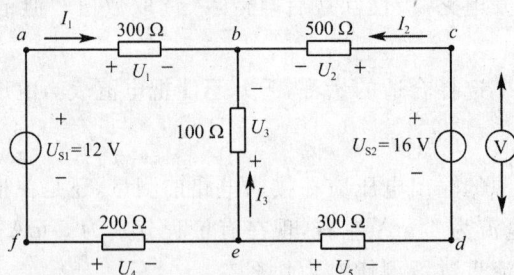

图 1-16 两个电源共同作用

3. 按图 1-17 所示接线,测量电压源 U_{S1} 单独作用时的各支电流 I_1'、I_2'、I_3' 及每个电阻元件的电压,将数据记入表 1-4 中。

4. 按图 1-18 所示接线,测量电压源 U_{S2} 单独作用时的各支路电流 I_1''、I_2''、I_3''' 及每个电阻元件的电压,将数据记入表 1-4 中。

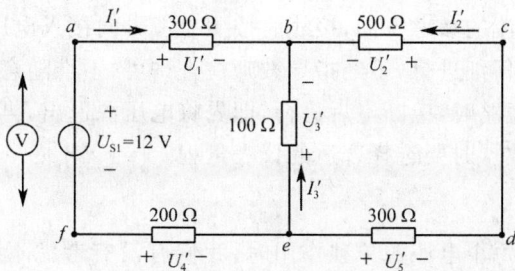

图 1-17　U_{S1} 电源单独作用

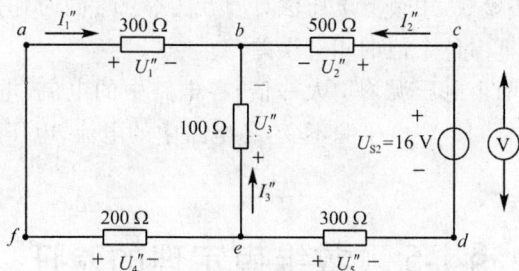

图 1-18　U_{S2} 电源单独作用

表 1-4　　　　　　　　　　　　　　　**实验数据**

U_{S1} 电压源单独作用		U_{S2} 电压源单独作用		U_{S1}、U_{S2} 电压源共同作用	
I_1'/mA		I_1''/mA		I_1/mA	
I_2'/mA		I_2''/mA		I_2/mA	
I_3'/mA		I_3''/mA		I_3/mA	
U_1'/V		U_1''/V		U_1/V	
U_2'/V		U_2''/V		U_2/V	
U_3'/V		U_3''/V		U_3/V	
U_4'/V		U_4''/V		U_4/V	
U_5'/V		U_5''/V		U_5/V	

5. 将测量的数据进行代数和相加,验证叠加定理的正确性。如计算 $I_1'+I_1''$,看是否与 I_1 相等。

6. 验证叠加原理不适合功率的叠加,如计算 $I_3'U_3'+I_3''U_3''$,将其计算结果与 I_3U_3 进行比较,若两者不相等,则说明叠加原理不适合功率的叠加。

7. 验证叠加原理不适合于非线性电路,将图 1-16、图 1-17、图 1-18 中的某一元件换成非线性电阻,按步骤 1~5 重做一遍。

五、实验要求

1. 正确填写实验数据,写出结论,进行误差计算。

2. 实验前先熟悉叠加定理的内容。

3. 实验前先根据所给的电路各元件的参数,计算各电流、电压值。

六、实验注意事项

1.测量时,注意电流的参考方向,接线时按照参考方向接入电压表和电流表。

2.改变接线时,要仔细进行,不经指导教师检查许可,不准随意合上电源。

3.分别将电压源短路时,应断电后进行,即先将电压源退出,再接短路线。

4.注意每次测量数据时要选择合适的仪表量程。

七、思考题

1.在本实验中,当每个电压源单独作用时,我们有没有考虑不作用的电压源的内阻? 这样造成的误差如何? 为什么?

2.根据给定的电路参数,用节点电压法计算出 U_{S1}、U_{S2} 同时作用时各支路电流、U_{12},与实验结果比较,最后算出各个值的相对误差。

3.在本实验中,若两个电压源均增大一倍,各电路中的电流、电压如何变化? 如果只有 16 V 电压源增大一倍,12 V 电压源不变,各电路中的电流、电压如何变化?

§1-5　　戴维南定理的验证

一、实验目的

1.验证戴维南定理的正确性。

2.学会并掌握测量等效电源、等效电动势和等效内阻的方法。

3.加深对戴维南定理的理解,加深对“等效”概念的理解。

二、实验设备

1.直流稳压电源,1只;

2.直流稳流电源,1只;

3.实验电路板(电阻箱),1块(5个);

4.直流电压表,1块;

5.直流电流表,1块。

三、实验原理

两个结构不同的线性有源一端口,若它们具有相同的伏安特性时,我们称这两个电路对外是等效的,它们之间可以进行等效替代。

戴维南定理是在等效概念的基础上得出的一个非常重要的定理,其内容是:任何一个线性有源一端口网络,不管其结构如何复杂,其对外电路而言,都可以用一个电压源与一个电阻串联的形式来等效替代,等效电压源的电压等于线性有源一端口网络的端口电压,其电阻等于线性有源一端口网络化成无源一端口网络,从端口看进去的电阻。

任何一个线性有源一端口网络,当只求某一条支路的电压或电流时,可以将所求这条支路以外的元件看成一个线性有源一端口网络,求出其戴维南定理的等效电路,因此戴维南定理的最大特性就是可以化简电路。

四、实验内容与步骤

1.在直流稳压电源的两端并联电压表,并选择好电压表的量程,使其电压输出为图 1-19 中所给参数,同时在电流源串联一块电流表,并选择好电流表的量程,使其电流输出为图 1-19 中所给参数,电压源、电流源调好后保持不变(即直流稳压电源、直流稳流电源的粗调开关、细调开关不能动),同时将电源的开关关掉。

2.按图 1-19 所示接线,各参数及电流、电压的参考方向均如图所示。经教师检查后,方可合上电源。测量负载 R_L 的电压 U_L 与电流 I_L,并将其记录在表 1-5 中。

3.做开路实验,测开路电压 U_{OC} 做法是:将图 1-19 中的负载 R_L 支路断开,将电压表并联于线性有源一端口网络的端口,则电压表指示的值即为开路电压 U_{OC},并将测量结果记录在表 1-6 中。

4.做短路实验,测等效内阻 R_0 的方法是:将图 1-19 中的负载 R_L 支路断开,将电流表串联于线性有源一端口网络的端口,则电流表指示的值即为短路电流 I_{SC},并将测量结果记录在表 1-6 中。然后按公式 $R_0=\dfrac{U_{OC}}{I_{SC}}$ 计算出 R_0,计算结果记录于表 1-6 中。

5.验证戴维南定理:按图 1-20 所示等效电路连接电路,测量负载 R_L 的电压 U_L' 与电流 I_L',并将其记录在表 1-5 中,同时将原电路与等效电路的伏安特性进行比较,若伏安特性相同,则验证了戴维南定理。

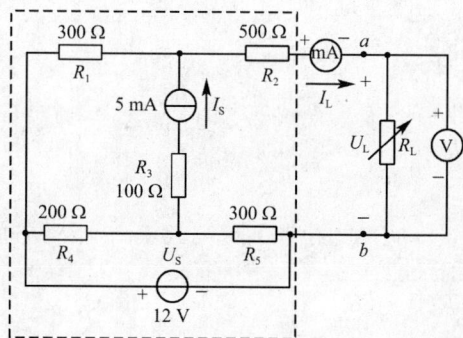

图 1-19 有源二端网络　　　　图 1-20 有源二端网络的等效电路

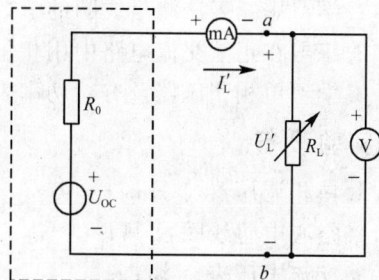

表 1-5　　　　　　　　实验数据

$R_L/k\Omega$	1	2	3	4	5	6	∞
U_L/V							
I_L/mA							
U_L'/V							
I_L'/mA							

表 1-6　　　　　　　　实验数据

U_{OC}/V	I_{SC}/mA	$R_0=\dfrac{U_{OC}}{I_{SC}}/\Omega$

五、实验要求

1.实验前根据电路图计算开路电压与等效电阻的理论值。

2.熟悉戴维南定理的内容与测量步骤和方法。

2.按实验数据表要求完成实验数据的测量,写出结论,进行误差分析。

六、实验注意事项

1.测量时,注意电流的实际方向。

2.改变接线时,要仔细进行,不经指导教师检查许可,不准合上电源。

3.等效电路中电源的电压并非 12 V,而是测量出来的短路电压 U_{OC}。

七、思考题

1.用实验所给的数据,计算 $R_L = 300\ \Omega$ 时的负载电流 I_L,与测量的结果进行比较,证明戴维南定理的正确性。

2.一个有源一端口网络,在不测量开路电压和短路电流的情况下,还有什么其他的实验方法求得其等效参数 R_0?

§1-6 线圈参数的测定

一、实验目的

1.学习用三表法测量线圈的参数。

2.练习在正弦交流电路中用相量图来分析问题。

3.学习单相调压器及有功功率表的使用方法。

二、实验设备

1.单相调压器,1 只;

2.空心电感线圈,1 只;

3.交流电压表,1 块;

4.交流电流表,1 块;

5.有功功率表,1 块;

6.滑线变阻器(500 Ω),1 只。

三、实验原理与说明

三表法是指用电压表、电流表和功率表三块表间接地测量线圈参数的一种方法,通过测量的电压、电流和功率可以计算线圈的参数电阻 r 和电感 L。三表法仅仅是测量线圈参数多种方法中的一种。

在串联电路中,都是以电流作为参考相量作各元件电压的相量图,然后再根据 KVL 的相量形式,将各元件的电压进行相量相加,作出一个封闭的三角形。如图 1-21 所示原理电路图,其对应的电压相量图为图 1-22(a),而在串联电路中,阻抗三角形和电压三角形是相似三角形,即如图 1-22(b)所示。

有功功率表的使用方法:电流线圈和电压线圈的"＊"端接电源侧(即被测对象的电流

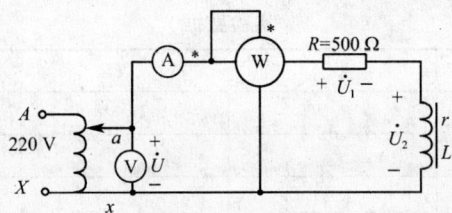

图 1-21　原理电路图

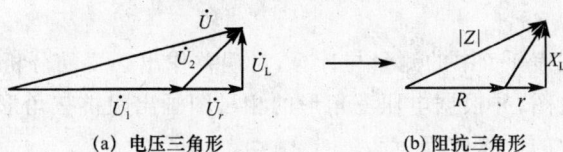

(a) 电压三角形　　　　　(b) 阻抗三角形

图 1-22　相量图

流入侧）。电流线圈串联在电路中，电压线圈并联在电路中。对于功率因数高的负载，宜选用普通功率表（即功率表的额定功率因数 $\cos\varphi_e=1$）；对低功率因数的负载，应选用低功率因数功率表（即 $\cos\varphi_e<1$）。测量时表针指示的是刻度格数，被测功率值为

$$P=\frac{U_e I_e \cos\varphi_e}{满刻度值}\alpha$$

式中　　U_e——所选的功率表的电压量限；

I_e——所选的功率表的电流量限；

$\cos\varphi_e$——所选的功率表的额定功率因数；

α——读取的刻度格数。

如图 1-22(b)所示

$$|Z|=\frac{U}{I} \tag{1-1}$$

$$P=I^2R,R=500+r=\frac{P}{I^2}$$

则

$$r=\frac{P}{I^2}-500 \tag{1-2}$$

又因为

$$(R+r)^2+X_L^2=|Z|^2$$

所以

$$X_L=\sqrt{|Z|^2-(R+r)^2} \tag{1-3}$$

则

$$L=\frac{X_L}{2\pi f}=\frac{\sqrt{\left(\frac{U}{L}\right)^2-(R+r)^2}}{314} \tag{1-4}$$

四、实验内容与步骤

1.选择好电流表、电压表和功率表电流线圈、电压线圈的量程。

2.按图 1-21 所示连接实物电路图，检查调压器的把手是否在零位置，经老师检查线路后，合上电源开关，调节调压器的输出，使其副边输出电压为 220 V。

3.记录三块仪表的读数，填入表 1-7 中。

4.画出电路中的电压相量图，根据电压三角形的相量图画出阻抗三角形的图形。

5.根据上述的公式计算线圈参数，并将计算结果填入表 1-7 中。

表 1-7 实验数据

实验方法	三表法		
测量值	P/W	U/V	I/A
计算值	R/Ω		
	L/H		

五、实验要求

1.完成实验数据表 1-7 中的测量与计算,对误差作出必要的分析。

2.作出电压相量图,并根据电压三角形的相量图画出阻抗三角形的图形。

3.写出所测参数的计算过程。

六、实验注意事项

1.实验过程中电压较高,必须严格遵守操作规程,切不可触及带电部位,以保证安全。

2.调压器在合上电源开关之前,首先要检查调压器的把手是否在零位置,实验结束之后,断开电源开关之前,首先应将调压器调回零位。

3.功率表一定要接线正确,并且流经功率表电流线圈的电流和加在功率表电压线圈的电压不能超过功率表的电压线圈与电流线圈的量程,即应正确选择电压线圈与电流线圈的量程。

七、思考题

1.归纳串联、并联电路图作相量图的一般规律。

2.若将实验中的功率表换成功率因数表,能测量线圈的参数吗?为什么?

3.线圈的电阻 r 值的确定能否用直流方法进行测量?为什么?

4.若将功率表的电压线圈接反,会产生什么样的后果?

§1-7 日光灯电路及功率因数的提高

一、实验目的

1.学会装接日光灯,并了解各部件的作用。

2.掌握提高功率因数的意义和方法。

二、实验设备

1.单相调压器,1 只;

2.日光灯灯管,1 只;

3.镇流器,1 只;

4.启辉器,1 只;

5.交流电压表,1 块;

6.交流电流表,1 块;

7. 有功功率表，1块；

8. 功率因数表，1块。

三、实验原理

日光灯由灯管、镇流器、启辉器等组成，如图 1-23 所示。当接通电源时，启辉器发生辉光放电，双金属片受热弯曲，触点接通，使灯丝预热发射电子，启辉器连接后辉光放电停止，双金属片冷却，又把触点断开，这时镇流器感应出高电压，加在灯管的两端使日光灯放电，产生大量紫外线，灯管内壁的荧光粉吸收后辐射出可见的光，日光灯就开始正常工作。启辉器相当于一只自动开关，能自动接通电路（加热灯丝）和断开（使镇流器产生高压，将灯管击穿放电）。镇流器的作用除了产生高压使灯管放电外，在日光灯正常工作后，还起限制电流的作用，镇流器的名字也由此而来。由于电路中串联镇流器，它是一个较大的电感线圈，因此整个电路中的功率因数不高。

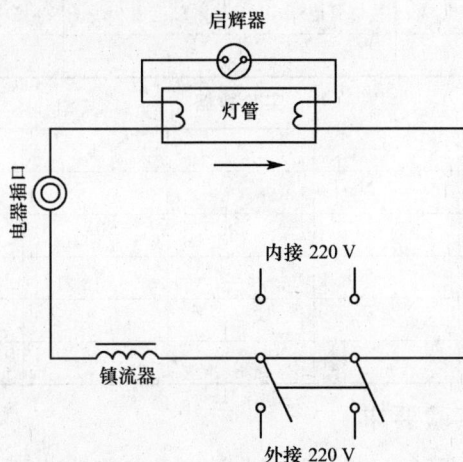

图 1-23　日光灯的结构图

负载功率因数过低，一方面没有充分利用电源容量，另一方面又在输电线路中增加了损耗。为了提高功率因数，一般最常见的方法就是在负载两端并联一个补偿电容，抵消负载电流的一部分无功分量。

在日光灯接通电源两端并联一个可调电容，当电容的容量逐渐增加时，电容支路电流也随之增大，结果总电流 I 逐渐减小，但电容增加过多（过补偿），总电流又增大。

四、实验内容与步骤

1. 检查调压器的把手是否在零位置，选择好电压表、电流表、功率表、功率因数表的量程。

2. 按图 1-24 所示接线，首先使可调电容的值为 0 μF，经老师检查接线正确后，合上电源开关，调节调压器的把手，使调压器副边电压为 220 V，记下电流表、电压表、功率表和功率因数表的读数，同时用电压表测量日光灯灯管电压和镇流器的电压，记在表 1-8 中。

3. 改变电容值的大小，分别使电容为 1 μF、2 μF、3 μF……6 μF，分别记下功率表、功率因数表和电流表的读数，填在表 1-9 中。

4. 将电流表分别串联到日光灯所在支路和电容所在支路，在电容值分别为 1 μF、

$2\,\mu F$、$3\,\mu F$ ……$6\,\mu F$ 时,测量对应电容下日光灯的电流和电容电流,记在表 1-9 中。

5.观察总电流 I、灯管电流 I_L、电容电流及功率因数的变化规律。

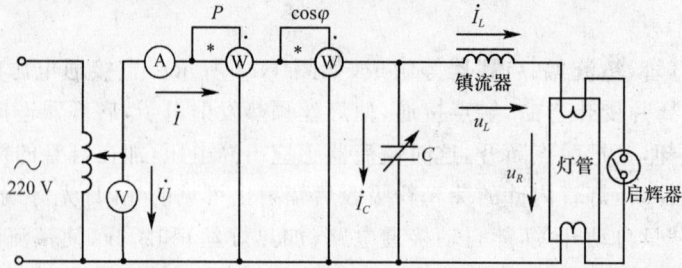

图 1-24　日光灯安装及功率因数的提高

表 1-8　　　　　　　　**实验数据**

电源电压/V	镇流器电压/V	灯管电压/V	总电流/A	总功率/W	$\cos\varphi$

表 1-9　　　　　　　　**实验数据**

电容 $C/\mu F$	1	2	3	4	5	6
I/A						
I_L/A						
I_C/A						
P/W						
$\cos\varphi$						

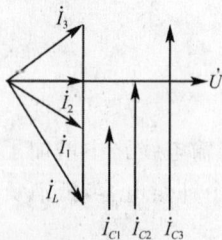

图 1-25　相量图

五、实验要求

1.了解日光灯的工作原理及其启动过程。

2.完成表 1-8、表 1-9 中的测量,对照表中的数据变化,结合图 1-25 相量图,深刻理解提高功率因数的意义和方法。

3.通过实验,深刻理解和掌握并联电容补偿感性电路中无功功率从而提高功率因数的原理和方法。

六、实验注意事项

1.试验电压较高,为防止触电,要保证安全操作。

2.实验时电容值不要超过 $6\,\mu F$,否则电容电流过大。

3.本实验是用日光灯作负载,日光灯的启动电流较大,为了保护仪表,启动时电流表和功率表的电流线圈的量程要选择大些。

4.注意功率表、功率因数表的接线,不能接反。

5.实验时,将电路板上的双向开关打至"外接 220 V 电源"侧。

七、思考题

1.能否用串联一个电容的办法来改善电路的功率因数?

2. 电容 C 越大，电路的功率因数是否越高？

3. 在感性负载两端，当并联电容器后，感性负载支路的功率因数会变吗？

4. 在电力工业中，功率因数能否提高到 1？为什么？

§1-8　RLC 串联电路的研究

一、实验目的

1. 验证正弦交流串联电路中，总电压与各元件电压的关系、总功率与各元件消耗功率的关系。

2. 了解电路的三种性质。

3. 通过实验，确定电路的复阻抗，并判别电路的性质。

二、实验设备

1. 调压器，1 只；

2. 滑线变阻器，1 只；

3. 电容器，1 只；

4. 镇流器，1 只；

5. 电流表，1 只；

6. 电压表，1 只；

7. 功率表，1 只。

三、实验原理

如图 1-26 所示的 RLC 串联电路中，端口电压 $\dot{U}=\dot{U}_R+\dot{U}_L+\dot{U}_C=\dot{I}Z$，其中 $Z=R+\mathrm{j}(X_L-X_C)=R+\mathrm{j}X=\dfrac{\dot{U}}{\dot{I}}$，即端口电压与各元件电压的关系满足 KVL 的相量形式，但是各元件电压的有效值与端口电压的有效值不满足 KVL，即 $U\neq U_R+U_L+U_C$。

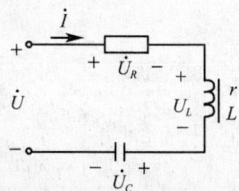

在 RLC 串联电路中，会出现三种情况：

图 1-26　RLC 串联电路

（1）当 $X_L>X_C$ 时，$X>0$，$U_L>U_C$，端口电压超前于端口电流，电路呈感性，相当于电阻与一个等效电感的串联。

（2）当 $X_L<X_C$ 时，$X<0$，$U_C>U_L$，端口电压滞后于端口电流，电路呈容性，相当于电阻与一个等效电容的串联。

（3）当 $X_L=X_C$ 时，$X=0$，$U_C=U_L$，端口电压与端口电流同相，电路中的阻抗等于电阻 R，称为电路中发生了串联谐振。此时电路中阻抗最小，在电压 U 一定时，电流 I 达到最大值。

RLC 三个元件，只有电阻元件消耗功率，电感与电容元件不消耗功率，即 $P_R=U_RI=I^2R$，$P_L=P_C=0$，$P_总=P_R+P_L+P_C$。电感元件与电容元件吸收的是无功功率，并和电源之间或它们两者之间进行往返能量的交换。

四、实验内容与步骤

1. 按图 1-27 所示连接实物电路图,并选择好电压表、电流表和功率表的参数,其中电阻的阻值为 500 Ω,电容为 2 μF。

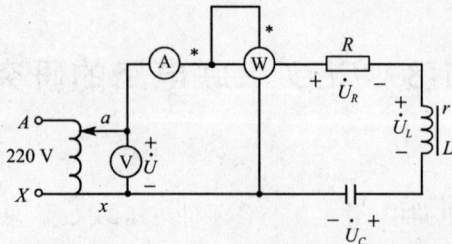

图 1-27　接线原理图

2. 电路连接正确后,确定调压器的把手在零位置后,合上电源开关,调节调压器输出,使其副边输出电压为 220 V,同时记下三块表计的读数,并将测量数据记录到表 1-10 中。

3. 断开电源开关,将电压表分别并联到电阻、镇流器、电容的两端,测量三个元件的电压,同时将功率表的电压线圈分别并联到电阻、镇流器和电容的两端,测量三个元件的功率(注意功率表电压线圈 ＊ 端的接线,千万不能接反),并将测量数据记录在表 1-10 中。

4. 根据测量结果,验证电路中的总功率等于各元件吸收功率之和,并且电容与电感不吸收有功功率。同时验证在正弦交流串联电路中,有效值不遵守 KVL,即 $U \neq U_R + U_L + U_C$。

5. 根据测量的数据,求出整个电路的复阻抗,并判断电路的性质(感性、容性)。

$$r = \frac{P_L}{I^2} \tag{1-5}$$

$$|Z_L| = \frac{U_L}{I} \tag{1-6}$$

$$X_L = \sqrt{|Z_L|^2 - r^2} \tag{1-7}$$

$$X_C = \frac{U_C}{I} \quad Z = R + j(X_L - X_C) = R + jX \tag{1-8}$$

根据电抗 X 的正负,就可以判断电路是感性还是容性。

表 1-10　　　　　　　　　　　　　　　　实验数据

被测量	U/V	I/A	P/W	U_R/V	U_L/V	U_C/V	P_R/V	P_L/W	P_C/W
测量值									
中间计算量	r/Ω			X_L/Ω			X_C/Ω		
网络等效参数	$Z = R + r + j(X_L + X_C) =$								

五、实验要求

1. 完成实验数据表 1-10 中的测量与计算,并对测量电感的有功功率不为零分析原因。根据实验的电压数据,总结交流电路中的 KVL,根据测量功率的数据,回顾各元件吸收功率的情况。

2.写出电感元件内阻、电感感抗、电容容抗的计算过程,并根据电抗 X 的正负,判断电路的性质。

六、实验注意事项

1.实验过程中电压较高,必须严格遵守操作规程,切不可用手触及带电部位。

2.调压器在合上电源开关之前,首先要检查调压器的把手是否在零位置,实验结束之后,断开电源开关之前,首先应将调压器调回零位。

3.注意选择功率表电压线圈与电流线圈的量程,并且功率表的接线一定要正确,尤其是测量各元件功率时,一定要注意电压线圈的接线,千万不能接反。

七、思考题

1.电感元件不吸收有功功率,但其测量值为什么不等于 0?

2.为什么在串联电路中,有效值不满足 KVL?

§1-9 谐振电路及其选频特性的研究

一、实验目的

1.验证电路发生谐振的条件和谐振电路的性质。

2.测绘不同品质因数的谐振曲线并理解其选频特性。

3.学习使用低频信号发生器和真空管毫伏表。

二、实验设备

1.低频信号发生器(XFD-7A 型),1 台;

2.交流毫伏表(GB-9B 型),1 块;

3.交流毫安表(T51-mA 型),1 块;

4.电工原理实验板,1 块。

三、实验原理

1.RLC 串联电路及其谐振

在 RLC 串联的正弦交流电路中,由于电源频率的不同,电感和电容所显示的电抗也随之改变,所以当 RLC 串联电路接于正弦交变电源时,电路中出现的电流也随电源频率的不同而改变

$$I = \frac{U}{|Z|} = \frac{U}{\sqrt{R^2 + (X_L - X_C)^2}}$$

RLC 串联电路电路图及其谐振曲线如图 1-28 和图 1-29 所示。

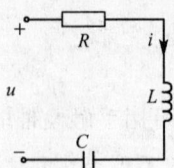

图 1-28   RLC 串联电路电路图

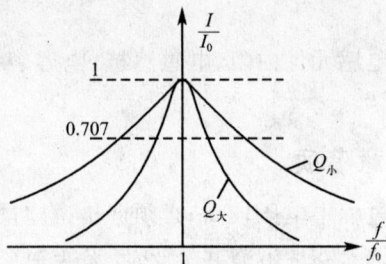

图 1-29   RLC 串联电路的谐振曲线

显然有：

$$\begin{cases} 当 f < f_0 \text{ 时(即 } f/f_0 < 1 \text{ 时)},X_L < X_C,电路呈电容性; \\ 当 f > f_0 \text{ 时(即 } f/f_0 > 1 \text{ 时)},X_L > X_C,电路呈电感性; \\ 当 f = f_0 \text{ 时(即 } f/f_0 = 1 \text{ 时)},X_L = X_C,电路呈电阻性,即电路此时发生了谐振。 \end{cases}$$

f_0 是电路的谐振频率,在 RLC 串联电路中,其谐振频率的公式为

$$f_0 = \frac{1}{2\pi\sqrt{LC}}$$

当电源频率调整到恰好等于谐振频率时,电路将产生谐振,此时的电路具有以下特点：

(1)此时电路的阻抗模最小,$|Z| = \sqrt{R^2 + (X_L - X_C)^2} = R$,在电源电压一定时,电路中电流为最大值,$I_0 = \dfrac{U}{R}$。

(2)电路中电流与电路端电压同相位,功率因数为最大值 1。

(3)电感两端电压与电容两端电压大小相等而相位相反,因为 $X_L = X_C$,所以此时有 $U_L = U_C$,当 $X_L = X_C \gg R$ 时,也会有 $U_L = U_C \gg U$,出现过电压现象。

2.品质因数对谐振曲线的影响

(1)品质因数：电路在谐振状态时,U_L(或 U_C)与电源电压 U 的比值,称为谐振电路的品质因数,通常又简称为 Q 值。

显然,因为电路在谐振状态时具有 $X_L = X_C$ 及 $U_L = U_C$ 等特点,由前面的讨论可知,Q 可表示为

$$Q = \frac{U_L}{U} = \frac{U_C}{U} = \frac{X_L}{R} = \frac{X_C}{R}$$

(2)电路品质因数与其谐振曲线的关系：如图 1-29 中曲线所示,Q 值高,其谐振曲线较陡(作为选频电路的话,则其选频特性较好);Q 值低,其谐振曲线较平缓。在此很容易理解,当作为选频电路时,其品质因数的高低直接影响到此电路选频特性的优劣。

四、实验内容与步骤

1.按图 1-30 所示连接线路,电路所需电源由低频信号发生器的"功率输出"端钮供给,电路中 R、L、C 元件的参数可分别取为：10 Ω、0.01 H、2 μF。

2.将仪器调节到待用状态。

交流毫伏表：将测量范围置于 5 V 位置,开启电源开关使之预热。

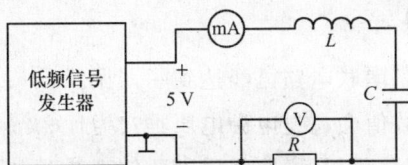

图 1-30　RLC 串联谐振电路图

低频信号发生器:将"输出微调"旋钮置于最小输出位置,输出阻抗旋钮置于"8 Ω"挡,开启电源开关使之预热。

3.调节低频信号发生器,使输出电压为 5 V。调电压时,用信号发生器的输出细调旋钮,输出电压用交流毫伏表进行测量。

4.从 500 Hz 开始,以 100 Hz 为级差,逐步增加到 2 000 Hz,每次用交流毫伏表在电阻两端测其电压值,记录数据于表 1-11 中。

5.在初步定出谐振频率的范围后,在此范围内再找两三个频率,重复测量,以准确找出其谐振频率。

6.把 R 增加为 39 Ω,再重复步骤 4、5 进行实验,记录数据于表 1-12 中。

7.分别绘出 R＝10 Ω 和 R＝39 Ω 时的谐振曲线。

表 1-11　　　　　　　　　　　　R＝10 Ω 时的实验数据

电源频率/Hz	500	600	700	800	900	1 000	1 100	1 200	1 300	1 400	1 500	1 600	1 700	1 800	1 900	2 000
电阻端电压/mV																
电流/mA																

表 1-12　　　　　　　　　　　　R＝39 Ω 时的实验数据

电源频率/Hz	500	600	700	800	900	1 000	1 100	1 200	1 300	1 400	1 500	1 600	1 700	1 800	1 900	2 000
电阻端电压/mV																
电流/mA																

五、实验要求

1.完成实验数据表中各数据的测量与记录,并对电阻取不同值时所得结果的不同作出必要的分析。本实验仅仅对串联谐振的过程进行了测试,但其中的许多结论或特点是在其他谐振中也同样存在的。

2.根据实验数据,绘制相应的谐振曲线图,并对照观察各波形曲线形状与其品质因数的关系,将分析结果写入实验报告中。

3.在谐振时电阻两端的电压与信号源的电压也不完全相等,对此同学们可自行进行分析。

六、实验注意事项

实验中每次改变频率时,都要用交流毫伏表测量信号发生器的输出电压并进行调节,保证为 5 V 不变,然后再测量电阻两端的电压。

七、思考题

1.实验中如何判断 RLC 串联电路已经达到了谐振？

2.谐振时,电容电压的数值会超过电源电压吗？为什么？

3.试通过实验曲线和相关分析,说明品质因数的高低对电路选频特性好坏的影响。

§1-10   三相交流电路的研究

一、实验目的

1.掌握三相负载的星形和三角形连接的方法。

2.研究对称三相负载作星形和三角形连接时,线电压、线电流与相电压、相电流之间的关系。

3.了解不对称三相负载作星形和三角形连接时的工作情况。

4.比较三相供电方式中三相三线制、三相四线制的特点,了解中线的作用。

二、实验设备

1.三相调压器,1只;

2.三相组合负载,1组;

3.交流电压表,1块;

4.交流电流表,1块。

三、实验原理

在三相电路中,电源与负载的连接方式有星形和三角形,星形连接根据需要可采用三相三线制和三相四线制供电,三角形连接时只能采取三相三线制供电。本实验研究三相电源对称,负载作星形和三角形连接时电路的工作情况。

将三相灯泡负载各相的一端 X、Y、Z 连接在一起接成中点,A、B、C(或 U、V、W)分别接于三相电源,即为星形连接,这时相电流等于线电流。如电源为对称三相电压,则有 $U_L = \sqrt{3}U_P$,这时各相电流也对称,电源中点与负载中点之间的电压为零,如果用中线将两点之间连接起来,中线电流也等于零。如果三相负载不对称,则中线有电流流过,这时若将中线断开,三相负载的各相电压不再对称,各相灯泡出现亮、暗不同的现象,这就是中性点位移引起各相电压不等的结果。所以在对称的三相四线制电路中,中线不起作用;在不对称的三相三线制电路中,若加一根中线,可以强制电源中点与负载中点的电压为 0,防止中性点位移的发生。

如果将图 1-31 所示的三相负载的 X 与 B、Y 与 C、Z 与 A 分别相连,再将这些连接点引出三根导线至三相电源,即为三角形连接。这时线电压等于相电压,若负载对称,则有 $I_L = \sqrt{3}I_P$。若负载不对称,虽然不再存在 $\sqrt{3}$ 的关系,但线电流仍然为对应相电流的矢量差,这时只有通过计算或借助矢量图,才能计算它们的大小与相位。

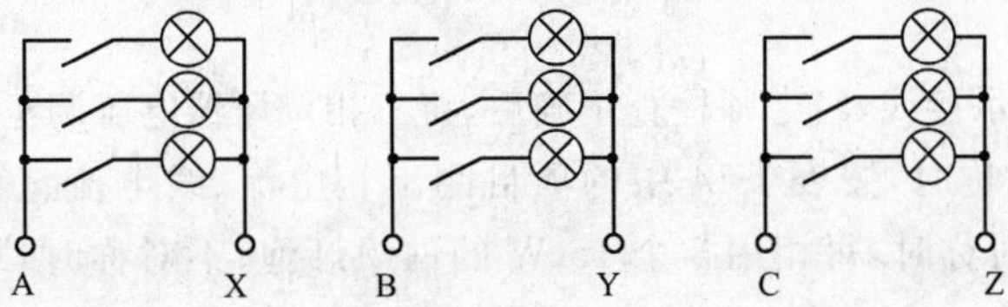

图 1-31　三相组合负载

四、实验内容与步骤

1. 星形负载

(1)按图 1-32 所示接线,经老师检查正确后,将三相电源调至 220 V,接通或断开中线,负载分别为对称和不对称两种情况,按表 1-13 中的项目测取数据。负载对称时,每相用 3 个 15 W 的白炽灯泡;不对称时,A 相取 1 个灯泡,B 相取 2 个灯泡,C 相取 3 个灯泡。

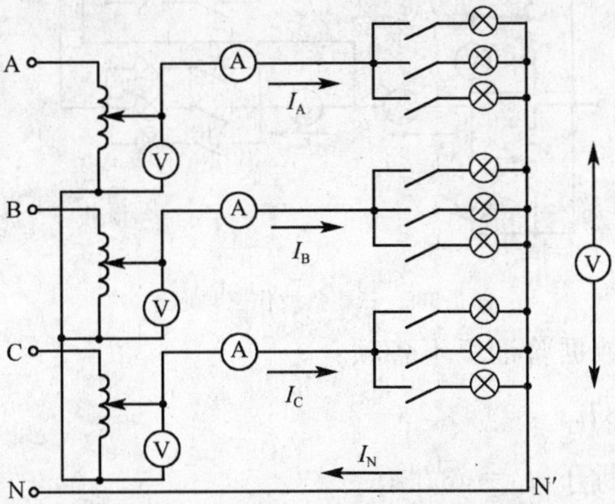

图 1-32　三相负载作星形连接

(2)用表 1-13 中的数据验证以下各项:

①三相三线制负载不对称,检验 $U_L = \sqrt{3}U_P$、$U_{N'N} = 0$ 正确与否;

②三相四线制负载不对称,检验 $U_L = \sqrt{3}U_P$、$I_N = I_A + I_B + I_C$ 正确与否。

表 1-13　　　　　　　　　　　　　　　　　　　实验数据

项　目		测　量									
		U_{AB} /V	U_{BC} /V	U_{CA} /V	U_A /V	U_B /V	U_C /V	$U_{N'N}$ /V	I_A /A	I_B /A	I_C /A
有中线	负载对称										
	负载不对称										
	负载不对称 一相断开										
无中线	负载对称										
	负载不对称										
	负载不对称 一相断开										
	负载不对称 一相短路										

2.三角形负载

(1)按图 1-33 所示接线,经老师检查正确后,将三相调压器电压调至 $220/\sqrt{3}=127$ V,负载分别为对称和不对称时,按表 1-14 中的项目测出相电流、线电流、负载端电压,数据记入表 1-14 中。负载对称时,每相用 3 个 15 W 的白炽灯泡;不对称时,A 相取 1 个灯泡,B 相取 2 个灯泡,C 相取 3 个灯泡。

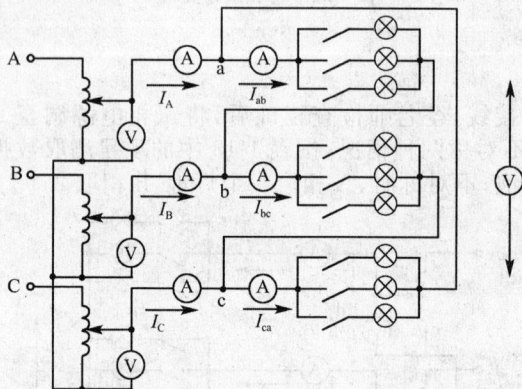

图 1-33 三相负载作三角形连接

(2)用表 1-14 中的数据验证以下各项:

①负载对称,$I_L=\sqrt{3}I_P$;

②负载不对称,Z_{ab} 断开,$I_C=\sqrt{3}I_{ca}$;

③负载对称,A 相线断开,$I_B=I_C=1.5I_{bc}=3I_{ab}$。

表 1-14   实验数据

项　目	线电压/V			线电流/A			相电流/A		
	U_{AB}	U_{BC}	U_{CA}	I_A	I_B	I_C	I_{ab}	I_{bc}	I_{ca}
负载对称									
负载不对称									
断开一相负载									
断开一相相线									

五、实验要求

1.通过实验后,能排查三相交流电路中出现的基本故障。

2.对中线作用有进一步的理解。

六、实验注意事项

1.负载作星形连接,当有中线时,绝不可将一相短路。

2.若用 $U_e=220$ V 的白炽灯泡作负载时,则负载端线电压不要超过 380 V。

3.负载作三角形连接,断开 A 相相线时,要在断开电源后进行。

4.测量时,首先要分清线电压、线电流和相电压、相电流。

5.改接线路时,必须在电源断开的情况下进行。

七、思考题

1. 通过本实验说明中线上能否安装保险丝或开关。为什么？

2. 检验 $U_L = \sqrt{3}\,U_P$、$I_L = \sqrt{3}\,I_P$ 在什么情况下成立。

3. 在三相三线制星形连接的不对称负载电路中，会出现灯泡亮暗不同的情况。请问在三角形连接的不对称负载电路中，会出现电灯泡亮暗不同的现象吗？为什么？

§1-11　一阶电路的分析

一、实验目的

1. 研究一阶电路的零输入响应的规律。

2. 研究一阶电路的零状态响应的规律。

3. 掌握测定一阶电路的时间常数的方法。

二、实验设备

1. 直流稳压电源,1 只;

2. 电阻(1 MΩ、2 MΩ),各 1 只;

3. 可调电容,1 只;

4. 电压表,1 只;

5. 微安表,1 只;

6. 秒表,1 只;

7. 单刀双掷开关,1 只。

三、实验原理

电感 L 和电容 C 都是储能元件,能量只能渐变,不能突变,所以由电阻 R 与电容 C 或电阻 R 与电感 L 组成的电路都有过渡过程,并且,含有 L、C 储能元件的电路,其相应可以由微分方程来描述,称为一阶电路。除电源与电阻外,一阶电路通常只含有一个储能元件。

所有储能元件初始值为零的电路对激励的响应称为零状态响应。如图 1-34 所示的电路中,在开关置 1 前,$u_C(0_-) = 0$ V,此时接通直流电源的过渡过程,就称为零状态响应(即电容的充电过程)。

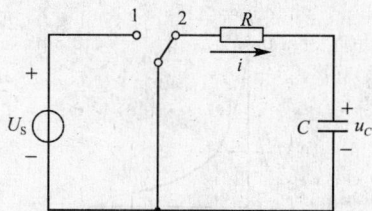

图 1-34　电容元件的充、放电电路图

电压、电流方程为

$$u_C = U_S(1 - e^{-\frac{t}{\tau}})$$

$$i = C\frac{du_C}{dt} = I_0 e^{-\frac{t}{\tau}} = \frac{U_S}{R}e^{-\frac{t}{\tau}}$$

上述式子表明,零状态响应是输入的线性函数,式中 $\tau = RC$ 称为时间常数,充电曲线如图 1-35 所示。

电路在无激励情况下,由储能元件的初始状态引起的响应称为零输入响应。如图 1-34 所示,当开关由 1 置 2 时,电容 $u_C(0_+) = U$ 直接对 R 放电的过程,就称为零输入响应。

电压、电流方程为

$$u_C = U_S e^{-\frac{t}{\tau}}$$

$$i = C\frac{du_C}{dt} = I_0 e^{-\frac{t}{\tau}} = -\frac{U_S}{R}e^{-\frac{t}{\tau}}$$

上述式子表明,零输入响应是初始状态的线性函数,放电曲线如图 1-36 所示。

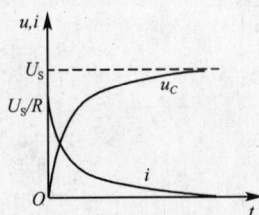

图 1-35 零状态响应曲线   图 1-36 零输入响应曲线

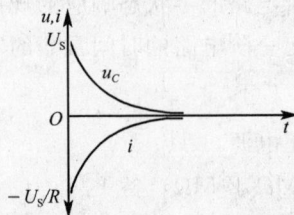

时间常数 τ 是反映电路过渡过程快慢的物理量。τ 值越大,暂态响应所持续的时间越长,即过渡过程的时间越长;反之,τ 值越小,暂态响应所持续的时间越短,即过渡过程的时间越短。理论上,充、放电是一个无限长的过程,但实际上,经过 5τ 的时间后,就可认为过渡过程已结束。

测定 τ 值的方法:

(1)充电时,当 $t = \tau$,则 $u_C = 0.63U_S$,$i = 0.37\frac{U_S}{R}$,于是在充电曲线上找出 $u_C = 0.63U_S$,$i = 0.37\frac{U_S}{R}$ 的点所对应的时间即为 τ 值,如图 1-37(a)和 1-37(b)所示。

(2)在 i-t 曲线上取 a 和 b 任意两点,如图 1-37(c)所示,由于 i_1、t_1 及 i_2、t_2 都满足方程 $i = \frac{U_S}{R}e^{-\frac{t}{\tau}}$,于是可得时间常数 $\tau = \dfrac{t_2 - t_1}{\ln\dfrac{i_1}{i_2}}$。

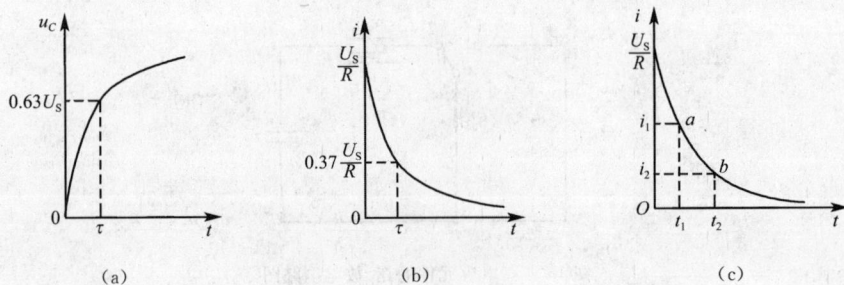

(a)   (b)   (c)

图 1-37 测定 τ 值的方法

四、实验内容与步骤

1. 一阶电路的零状态响应

(1)按图 1-38 所示接线,取 $C=10\ \mu\text{F}$,$R=1\ \text{M}\Omega$,$U_s=20\ \text{V}$。经指导老师检查后,方可合上电源。

(2)先将 K 闭合,使电容短路,以保证电容初始值为零。

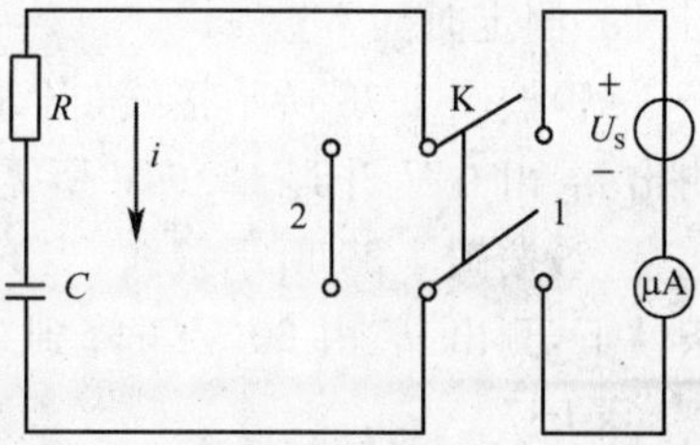

图 1-38　零状态响应

(3)开关 K 置 1,开始计时,电压表指示到 2 V 记一次时,并同时读取电流值,数据记录于表 1-15 中。然后闭合开关 K,使 u_C 重新为零,又断开 K,当电压由 0 V 升到 4 V 时,记录时间,同时读取电流值,又闭合开关 K。依此方法,逐次测出电容的电压由 0 V 上升到 2 V、4 V、6 V、8 V、10 V、12 V、14 V、16 V、18 V、20 V 时所需的时间以及对应的电流值,数据记录于表 1-15 中。

(4)改变 R 值,重复上述步骤,数据记录于表 1-15 中。

表 1-15 　　　　　　　　　　　　　　　实验数据

u_C/V		0	2	4	6	8	10	12	14	16	18	20
1 MΩ	t/s											
	i/μA											
2 MΩ	t/s											
	i/μA											

2. 一阶电路的零输入响应

(1)按图 1-39 所示接线,$R=1\ \text{M}\Omega$,$C=10\ \mu\text{F}$,$U_s=20\ \text{V}$。

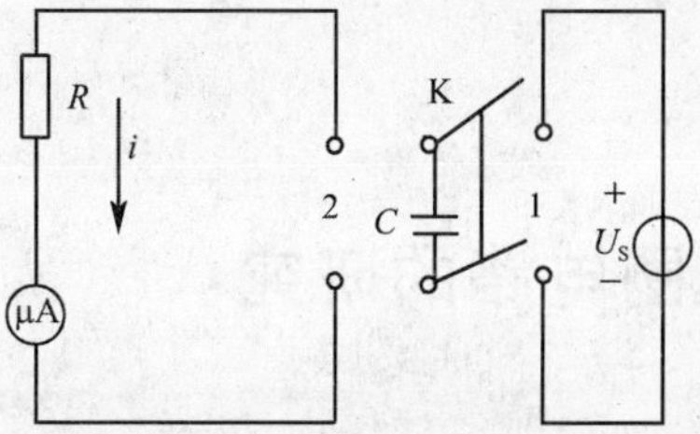

图 1-39　零输入响应

(2)经教师检查允许后,闭合开关 K,使电容充分充电,以保证电容的初始电压为 20 V。

(3)断开 K,开始计时,当电容两端电压由 20 V 降到 18 V 时停止并记下时间,将所测时间 t 和电流 i 记入表 1-16 中,然后闭合 K 使 C 两端电压重新充到 20 V。

(4)依次测出电容的电压由 20 V 下降到 18 V、16 V、14 V、12 V、10 V、8 V、6 V、4 V、2 V、0 V 时所需时间和对应的电流值,记录于表 1-16 中。

(5)改变 R 值,重复上述步骤,数据记录于表 1-16 中。

表 1-16 　　　　　　　　　　　　　　　实验数据

u_C/V		20	18	16	14	12	10	8	6	4	2	0
1 MΩ	t/s											
	i/μA											
2 MΩ	t/s											
	i/μA											

3.测定时间常数 τ

(1)按图 1-38 所示接线,当 $R=1\ \mathrm{M\Omega}$,$C=10\ \mu\mathrm{F}$,$U_\mathrm{S}=20\ \mathrm{V}$ 时,在 u_C 为零的条件下,测出 u_C 由 0 V 升到 12.6 V 所需的时间 t,即 τ,记入表 1-17 中。

(2)按图 1-39 所示接线,当 $R=1\ \mathrm{M\Omega}$,$C=10\ \mu\mathrm{F}$,$U_\mathrm{S}=20\ \mathrm{V}$ 时,在电容器充分充电的条件下,测出 u_C 由 20 V 下降到 7.4 V 所需的时间 t,即 τ,记入表 1-17 中。

表 1-17   实验数据

	u_C/V	$R/\mathrm{M\Omega}$	$C/\mu\mathrm{F}$	τ/s
充电	12.6			
放电	7.4			

五、实验要求

1.将由实验测得的时间常数与计算值比较,检查是否正确。

2.要求在坐标纸上描绘出电流曲线图。

六、实验注意事项

1.实验时,要密切协作,分工明确,读数的时间间隔不宜选得过大。

2.电压表是用来监视电压的,电压波动较大时,不要测量,确保测量数据准确。

3.注意仪表的极性。

4.电容器用后,要用电阻放电。

七、思考题

1.保持 i 不变,如果将电源电压提高或降低,则达到稳定状态的时间会延长还是缩短?

2.比较通过实验后所画出的充(放)电电流曲线和理论上的充(放)电电流曲线,会完全相同吗?为什么?

§1-12　磁路及交流铁芯线圈电路的研究

一、实验目的

1.通过实验进一步理解铁磁性材料的非线性特点,并进一步领会磁路分析中的一些特殊方法。

2.研究外加电压变化对铁芯线圈参数的影响。

3.进一步理解并掌握重要公式:$U=4.44fNSB_\mathrm{m}$。

二、实验设备

1.调压变压器,1 台;

2.交流电流表(2.5 A),1 块;

3.交流电压表(300/600 V),1 块;

4.滑线变阻器,1 个;

5.铁芯线圈,1 个;

6.单臂电桥(QJ23 型),1 个;

7.低功率因数瓦特表,1块;

8.电容箱(40 μF),1 个。

三、实验原理

1.由于铁芯的饱和,铁芯线圈是非线性电感元件,外加电压有效值 U 与电流有效值 I 的伏安特性是非线性的,其形状与 B-H 曲线相似。在正弦电压的作用下,线圈中电流是非正弦的。

2.铁芯线圈的等效阻抗以及表示铁损的电阻 R_{Fe}、功率因数等都是随外加电压的变化而变化的。

3.铁芯线圈电压有效值 U 与铁芯内磁感应强度的关系可近似用下式进行计算

$$U = 4.44 f N S B_m$$

四、实验内容与步骤

1.按图 1-40 所示接线,逐渐增加所加正弦电压 u 的有效值,测量各相应电压、电流的有效值 U、U_L、I,将数据记录于表 1-18 中。可以作出类似于图 1-41 所示的曲线图,并由此观察铁磁性材料的非线性特点(此步内容只要定性理解即可)。

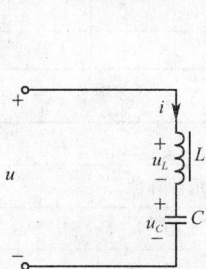

图 1-40　实验电路图　　　　　　　图 1-41　U-I 曲线图

2.利用电桥测量该铁芯线圈的绕线电阻 R_{Cu},同时测出电源频率 f(或直接将工频 $f = 50$ Hz 代入),将数据记录于表 1-19 中。

3.按图 1-42 所示接线,R 为限流电阻,逐渐增加所加电压,并读出其中电压表、电流表和低功率因数瓦特表的读数 U、I、P,并将数据也记录于表 1-19 中。

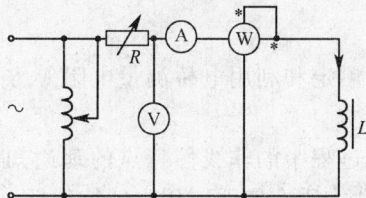

图 1-42　实验电路图

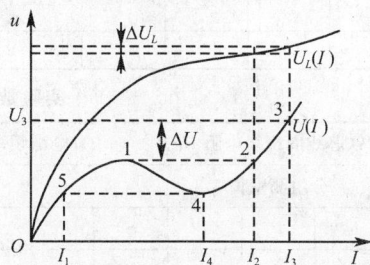

4.利用以上各组所得的 U、I、P 值和已经测量得出的 R_{Cu} 与 f 等值,代入公式计算以下各相关值:

视在功率　　　　　　　　　　　$S = UI$　　　　　　　　　　　　　　(1-9)

铜　　损　　　　　　　　　　　$P_{Cu} = R_{Cu} I^2$　　　　　　　　　　(1-10)

铁　　损 $\qquad$ $P_{\mathrm{Fe}}=P-P_{\mathrm{Cu}}$ $\qquad$ (1-11)

功率因数 $\qquad$ $\lambda=\cos\varphi=\dfrac{P}{S}$ $\qquad$ (1-12)

等效阻抗 $\qquad$ $Z=\dfrac{U}{I}$ $\qquad$ (1-13)

总电阻 $\qquad$ $R_{\mathrm{T}}=Z\cos\varphi=\dfrac{P}{I^2}$ $\qquad$ (1-14)

等效电抗 $\qquad$ $X=\sqrt{Z^2-R_{\mathrm{T}}^2}$ $\qquad$ (1-15)

等效电感 $\qquad$ $L=\dfrac{X}{\omega}=\dfrac{X}{2\pi f}$ $\qquad$ (1-16)

表示铁损的等效电阻 $\qquad$ $R_{\mathrm{Fe}}=R_{\mathrm{T}}-R_{\mathrm{Cu}}$ $\qquad$ (1-17)

并将按以上公式分别计算所得的各组数据也都记录于表 1-19 中。

表 1-18　　　　　　　　　　　　　　　　实验数据

项目 ＼ 组别	第1组	第2组	第3组	第4组	第5组	第6组	第7组	第8组	第9组	第10组	第11组
U											
U_L											
I											

表 1-19　　　　　　　　　　　　　　　　实验数据

已测(已知)数据:铁芯线圈绕线电阻 $R_{\mathrm{Cu}}=$　　　Ω;电源频率 $f=$　　　Hz

项目		分组测量值			分组计算值								
		U	P	I	S	P_{Cu}	P_{Fe}	λ	Z	R_{T}	X	L	R_{Fe}
组别	1												
	2												
	3												
	4												
	5												
	6												

五、实验要求

1. 本实验要用到线圈参数测定和利用电桥测量电阻等方面的知识,在此可以与以往有关实验进行比较与分析。

2. 关于铁磁性物质在磁化过程中的非线性特点的理论知识,可对照本实验中得出的相应曲线,以进一步理解铁磁性物质在实践应用中的特殊性。

六、实验注意事项

1. 铁芯饱和后电流上升很快,要防止过电流。

2. 各仪器、仪表设备均有相应的额定值,在实验过程中要切记不能超过。

3. 当瓦特表电压线圈的损失 $P_{\mathrm{W}}=I^2/R_{\mathrm{W}}$($R_{\mathrm{W}}$ 为电压线圈电阻)不能忽略时,则计算铁损的公式应修正为: $P_{\mathrm{Fe}}=P-P_{\mathrm{Cu}}-P_{\mathrm{W}}$。

七、实验报告要求

1.完成实验数据表中各数据的测量与记录,本实验的计算值较多,均要按公式认真完成计算。

2.根据实验资料,绘制相应函数曲线,并对照观察各波形曲线,将分析结果写入实验报告中。

3.要用专用实验报告纸书写,实验报告完成后要及时提交。

八、思考题

1.你是如何理解铁芯线圈的电感性？试分析其与线性电感的异同。

2.试根据表 1-19 的数据,作出下列曲线：

$U = f(I), L = f(I), P_{Fe} = f(U), R_{Fe} = f(U), \lambda = f(U)$

根据以上由实验得出曲线的形状,说明电压(或电流)对铁芯线圈参数的影响。

第二篇

电工测量实验指导

§2-1　电工测量实验概要及要求

一、概要

　　电工测量是一门学习电工仪表操作及测量的课程，有很强的实践性。其中电工测量实验是提高学生的动手能力的重要环节。只有通过实践才能培养出学生的实际操作能力，为学生走上工作岗位提供必备的电工仪表测量的实践操作技能。

　　电工测量所用到常见设备有：电流表、电压表、万用表、功率表、晶体管稳压电源、电能表、兆欧表、直流单臂电桥、直流双臂电桥、频率表、相位表等。

二、注意事项

　　1.认真阅读实验指导书，明确实验目的，熟悉实验内容，掌握实验步骤，估算好实验数据，设计好实验电路和数据表格，带好实验要用的文具，经指导老师同意后方可实验。若无准备，不准实验。

　　2.实验中要注意的问题：

　　(1)人身安全与设备安全。不能未经允许擅自合闸，不允许触及带电部分，遵守"先接线后合电源，先断电源后拆线"的程序，发现异常现象(如声响、发热、焦臭等)应立即断开电源，保持现场，报告指导老师。实验中，需经老师检查接线，在指导老师认可的情况下才可以通电实验，未经允许就擅自通电，造成仪器损坏，要进行赔偿，并如实填写事故报告单。

　　(2)注意仪器设备的规格量程和操作规程，不了解性能和用法时不得随意使用该设备。

　　(3)搬动仪器设备时，需轻拿轻放，保持仪表表面的洁净。

　　(4)事故的检查。发现异常现象应立即断开电源，查明原因。查找事故的方法有电压法和电阻法，均可用万用表完成。

三、实验时的要求

　　1.教师在实验前讲授实验要求及注意事项。

　　2.学生到指定实验桌上，实验前先做三件事：清点设备是否齐全，类型规格和数量是否正确；做好记录的准备工作；桌面的整洁工作，将暂时不用的设备整齐地放在一边，盖布、罩布叠放整齐。

接好实验线路，经查无误后，经老师复查后，才能合上电源。

进行实验的实际操作，观察现象，读取数据，记录与审查数据。

四、结尾工作及要求

1. 小组组长负责结尾工作。
2. 断开电源，拆线。
3. 做好桌面和环境清洁整理工作。
4. 将所有的仪器归原位，原来怎么放离开时就怎么放。
5. 必须经老师同意后方可离开实验室。

§2-2　电流、电压的测量

一、实验目的

1. 学会使用直流稳压电源。
2. 学会使用直流电流表、电压表测量直流电流和电压。
3. 学会使用交流电流表和电压表测量交流电流和交流电压。
4. 学会使用单相调压器。
5. 学会使用滑线变阻器等设备。

二、预习要点

1. 预习直流稳压电源的相关知识。
2. 预习直流电流表、直流电压表的相关知识。
3. 预习交流电流表、交流电压表的相关知识。

三、实验设备

1. 直流稳压电源（WYJ-3 A/30 V 型），1 台；
2. 磁电系电流表（C31-mA 型），1 块；
3. 磁电系电压表（C43-V 型），1 块；
4. 电磁系电流表（T19-A 型），1 块；
5. 电动系电压表（D26-V 型），1 块；
6. 滑线变阻器（200 Ω/1.5A 型），1 个；
7. 导线若干。

四、实验内容与步骤

1. 直流电流和电压的测量

按如图 2-1 所示接好线路，选择合适的电压，分别读取直流电流表和直流电压表的数据,记录于表2-1中。

　　2.交流电流和电压的测量

　　按如图2-2所示接好线路,选择合适的电压,分别读取交流电压表和交流电流表的读数,记录于表2-2中。

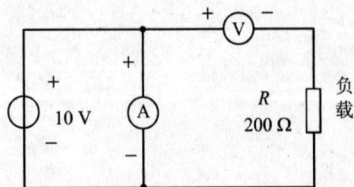

图2-1　直流电流和电压的测量　　　　　　　图2-2 交流电流和电压的测量

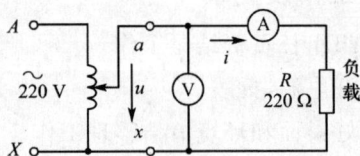

表 2-1　　　　　　　　　　**实验数据**

项　目	U	I
200 Ω		

表 2-2　　　　　　　　　　**实验数据**

项　目	U	I
200 Ω		

五、实验要求

　　1.用理论的方法求取 $I=U/R$,与实验结果相比较,看是否相符。

　　2.分析其产生误差的原因。

六、思考题

　　1.电压表为何内阻越大越好?

　　2.电流表为何内阻越小越好?

　　3.要减小测量误差,使测量数值更接近真值,应该如何选择仪表的量程?

§2-3　表计的校验

一、实验目的

　　1.学习用直接比较法校验直流电压表和直流电流表。

　　2.练习以滑线变阻器作分压器使用。

二、预习要点

　　仪表的准确度,引用误差和基本误差。

三、实验设备

　　1.直流稳压源(WYJ-3 A/30 V型),1台;

2.0.2 级直流电压表(C43-V 型)(作标准表用),1 块;

3.0.2 级直流电流表(C43-A 型)(作标准表用),1 块;

4.滑线变阻器(200 Ω/1.5 A),1 个;

5.导线若干。

四、实验内容与步骤

1.直流电压表的校验

(1)首先观察两块仪表的指针是否指在零位,不在零位要进行机械调零。

(2)按图 2-3 所示接线,调节滑线变阻器,按表 2-3 所列 U_X 值读取标准表的示值,记录于表 2-3 中,计算表中所列各项误差,并检验被校表直流 10 V 挡是否符合准确度要求。

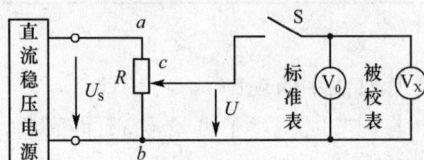

图 2-3　直流电压表的校验

表 2-3　　　　　　　　　　　　　　　　　**实验数据**

U_X 值/V		0	1	2	3	4	5	6	7	8	9	10
标准表指示值 U_0/V	上升											
	下降											
	平均											
绝对误差 $\Delta = U_X - U_0$/V												
最大引用误差 $r_{nm} = \dfrac{\Delta}{U_m} \times 100\%$												
确定被检表的准确等级 $\pm k\% = \dfrac{\Delta_m}{U_m} \times 100\% =$						检验结论:						

2.直流电流表的校验

(1)首先观察两块仪表的指针是否指在零位,不在零位要进行机械调零。

(2)按图 2-4 所示接线,调节滑线变阻器,按表 2-4 所列 I_X 值读取标准表的示值,记录于表 2-4 中,计算表中所列各项误差,并检验被校表直流 10 mA 挡是否符合准确度要求。

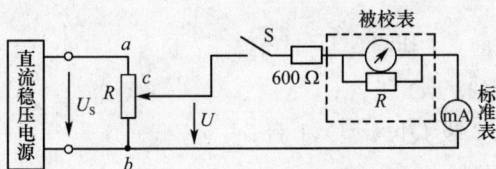

图 2-4　直流电流表的校验

表 2-4   实验数据

I_X 值/mA		0	1	2	3	4	5	6	7	8	9	10
标准表指示值 I_0/mA	上升											
	下降											
	平均											
绝对误差 $\Delta = I_X - I_0$/mA												
最大引用误差 $r_{nm} = \dfrac{\Delta}{I_m} \times 100\%$												
确定被检表的准确等级		$\pm k\% = \dfrac{\Delta_m}{I_m} \times 100\% =$					检验结论:					

五、实验注意事项

1. 标准表的读数应符合有效数字的规则。

2. 升、降各作一次测量,若调节时超过了测量点,不得回调,否则必须重新开始实验。

3. 调节时,应平稳缓慢调节,读数准确(眼睛、指针、刻度三点一线)。

六、思考题

为什么取被校表的指示值为整数,而不取标准表的指示值为整数?

§2-4   直流电阻、绝缘电阻的测量

一、实验目的

1. 学习使用万用表欧姆挡和直流单臂电桥测量中值电阻的方法。

2. 学习使用直流双臂电桥测量低值电阻的方法。

3. 学习使用兆欧表测量绝缘电阻的方法。

二、预习要点

1. 万用表的欧姆挡原理及应用。

2. 直流单臂电桥的原理及应用。

3. 直流双臂电桥的原理及应用。

4. 兆欧表的欧姆挡原理及应用。

三、实验设备

1. 万用表(MF-500 型),1 块;

2. 直流单臂电桥(QJ23 型),1 台;

3. 直流双臂电桥(0.2 级 QJ44 型),1 台;

4. 兆欧表(ZC25B-3 型),1 台;

5. 旋转式电阻箱(ZX21 型),1 台;

6. 单相调压器,1 台;

7. 数字万用表(UT33 型),1 块。

四、实验内容与步骤

1. 中值电阻的测量(1 Ω～0.1 MΩ)

(1)用万用表测量中值电阻

①在电阻箱选定 600 Ω,作为被测电阻。

②将万用表的左旋钮打在"Ω"挡位。

③将万用表的右旋钮打在"10 Ω"挡位。

④将万用表的红、黑表笔短接,进行"Ω"挡的调整,使指针在"0 Ω"处。

⑤用万用表的红、黑表测量电阻箱选定电阻值,并记录于表 2-5 中。

⑥将万用表的右旋钮打在"100 Ω"挡位。

⑦将万用表的红、黑表笔短接进行"Ω"挡的调整,使指针在"0 Ω"处。

⑧用万用表的红、黑表测量电阻箱选定电阻值,并记录于表 2-5 中。

⑨再将给定 1 350 Ω 电阻作为被测电阻,重复以上步骤,并记录于表 2-5 中。

⑩用数字万用表复核上述结果。

表 2-5　　　　　　　　　　　　　　　实验数据

挡位 被测电阻	10 Ω	100 Ω
600 Ω		
1 350 Ω		

(2)用直流单臂电桥测中值电阻(1 Ω～0.1 MΩ)

①在电阻箱选定 538 Ω,作为被测电阻。

②认真阅读单臂电桥的使用说明。使用单臂电桥时,应选定倍率,再调节比较臂。当检流计指针指零时,表示电桥处于平衡状态。此时,被测电阻 R＝倍率×比较臂读数。将测量电阻值记录于表 2-6 中。

表 2-6　　　　　　　　　　　　　　　实验数据

倍　率	比较臂	测量值

2. 用直流双臂电桥测量低值电阻(1 Ω 以下)

本实验用 0.2 级 QJ44 型直流双臂电桥来测量导线上的电阻值。

(1)接通开关 B1,待放大器稳定后,调节检流计指针指零点。

(2)用两根粗导线分别连接 P1、C1 和 P2、C2。

(3)将被测量电阻(导线)接入 P1、P2 之间。

(4)估计被测量电阻值,选择适当倍率。

(5)按下按钮 B 和 G,调节步进读数开关和滑线盘,并在适当的检流计灵敏度下取得电桥平衡(检流计指零)。此时 R_X＝倍率×(步进倍数＋滑线盘电阻)。将数值记录于表 2-7 中。

表 2-7 　　　　　　　　　　　　　实验数据

倍　率	比较臂/Ω		测量值
	步进倍数	滑线盘读数	

3. 用兆欧表测量绝缘电阻(高值电阻 0.1 MΩ 以上)

(1)测量前检查兆欧表。

(2)使兆欧表 L 和 E 两个端钮开路,摇动兆欧表的手柄至额定转速(120 r/min),观察指针是否指在"∞"。

(3)然后将 L 和 E 端钮短路,缓慢摇动手柄,观察指针是否指零位。若指在零位,说明兆欧表正常,可以使用;否则须检修。

(4)将调压器的线圈绕组的最高电压输入端 A 接到兆欧表的 L 端钮,外壳接至 E 端钮。

(5)先缓慢摇动手柄,再逐步摇至额定转速。

(6)看时间,读取 1 min 以后的数值,记录于表 2-8 中。

(7)停止摇动,进行拆线,拆线时注意手不要接触导线的金属部分。

表 2-8 　　　　　　　　　　　　　实验数据

测量对象	兆欧表额定电压/V	兆欧表读数/MΩ
调压器线圈绝缘电阻		

五、思考题

1. 万用表的中心电阻值有什么意义?

2. 使用万用表欧姆挡测电阻前为什么要进行调零?

3. 单臂电桥的检流计指针向"+"方向偏转时,应增大还是减小比较臂的电阻?单臂电桥的检流计指针向"-"方向偏转呢?

4. 用直流双臂电桥测量时,如果被测电阻没有专门的电位接头和电流接头,应如何接线?

5. 用兆欧表测量绝缘电阻时,L 和 E 端钮为什么不可以反接?

§2-5 　电容、电感参数的测定

一、实验目的

学习用伏安法测量电容、电感的参数。

二、预习要点

1. 阅读有关电容、电感方面的知识。

2. 阅读电容、电感交流参数的测量方面的知识。

三、实验设备

1. 单相调压器,1 台;

2.交流电压表(D26-V 型),1 块;

3.交流电流表(T19-A 型),1 块;

4.万用表(MF500 型),1 块;

5.电感线圈(0.1 H),1 个;

6.电容箱(6 μF),1 个;

7.滑线变阻器(200 Ω/1.5 A),1 个。

四、实验内容与步骤

1.用伏安法测量电容

(1)按图 2-5 所示接好线路,经老师检查无误后,方可通电。将调压器调至 110 V。

(2)读取电压、电流,填入表 2-9 内,按 $C=\dfrac{1}{U\omega}$ 算出电容值。

(3)记录数据于表 2-9 中。

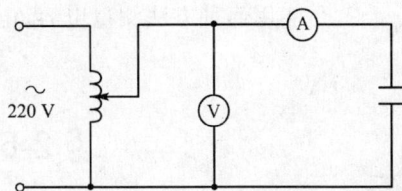

图 2-5　用伏安法测量电容

表 2-9　　实验数据

项　目	U	I	C
数　据			

2.用伏安法测量电感

伏安法测量电感其原理和伏安法测电阻相同,如图 2-6 所示是它的测量电路图。

设图 2-6 中的交流电压表读数为 U,通过电感线圈的电流即电流表读数为 I,可求得

$$Z_X=U/I \tag{2-1}$$

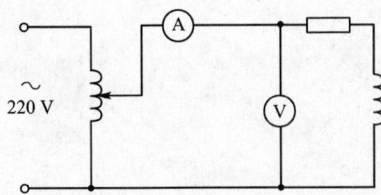

图 2-6　用伏安法测量电感

然后将电源改为直流,设直流电源的电压为 U_0、通过电感线圈的电流为 I_0,得

$$R_X=U_0/I_0 \tag{2-2}$$

再按以下公式求出线圈的电感值

$$L_X=\dfrac{\sqrt{Z_X^2-R_X^2}}{2\pi f} \tag{2-3}$$

式中,f 为交流电源的频率。

伏安法测电感的主要特点是:设备简单,只要用电压表和电流表就可以进行。测量时要求被测元件首先通电,对于像铁芯电感这一类非线性元件,不同的工作电流就有不同的电感值,为此就要用伏安法,以便于在给定的状态下进行测量。

实验步骤为:

(1)按图 2-6 所示接线,经老师检查无误后,方可通电。将调压器调至 100 V。

(2)按式(2-1)计算出 Z_X,并记录于表 2-10 中。

（3）用万用表欧姆挡测出电感线圈的电阻 R_X，并记录于表 2-10 中。

（4）再按式（2-3）计算出 L_X，并记录于表 2-10 中。

表 2-10　　　　　　　　　　实验数据

项　目	Z_X	R_O	L_X
数　据			

五、思考题

1.用伏安法测量电容、电感有何优、缺点？

2.还能用何种方法测量电容、电感？

§2-6　同名端的判断

一、实验目的

1.掌握直流通断法测量同名端。

2.掌握交流电压法测量同名端。

二、预习要点

1.直流法判断同名端。

2.交流法判断同名端。

三、实验设备

1.电压互感器，1 个；

2.直流稳压电源，1 台；

3.万用表（MF500 型），1 台；

4.交流电流表（T19-A 型），1 块；

5.交流电压表（D26-V 型），1 块。

四、实验原理

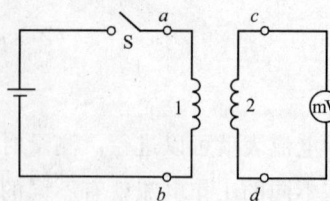

图 2-7　直流通断法实验电路

两个磁耦合的线圈，当电流自两同名端流入时，磁通的方向是相同的或者说是相互加强的，而同名端以"＊"或"·"标记。测定同名端的方法有：

1.直流通断法

实验电路如图 2-7 所示。在开关闭合的瞬间，观察万用表直流 2.5 V 挡的指针偏转方向，若万用表的指针正向偏转，则接电源正端的 a 与接万用表的 c 端为同名端；若万用表的指针反向偏移，则接电源正端的 a 与接万用表负端的 d 为同名端。

2.交流电压法

实验电路如图 2-8 所示。按图 2-8 接线,得出 U_{ac} 电压值,再将 c、d 两端对调,测出 U_{ad} 电压值。当 $U_{ac} > U_{ad}$ 时,a、c 是异名端,a、d 是同名端;当 $U_{ac} < U_{ad}$ 时,a、c 是同名端。

3.等效电感法

实验电路如图 2-9 和图 2-10 所示。比较两次测量的电流值。如果图 2-9 所示电路测得的电流值比图 2-10 所示电路测得的电流值小,则 a、c 为同名端,b、d 也是同名端。

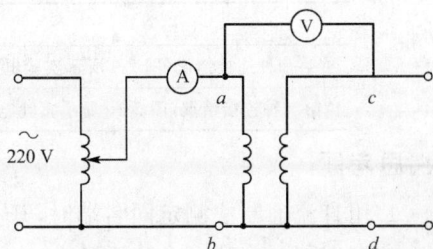

图 2-8　交流电压法实验电路

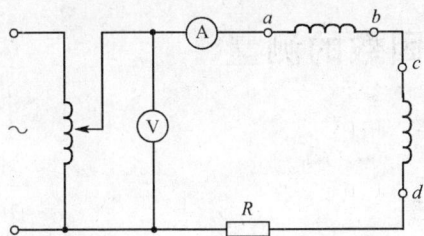

图 2-9　等效电感法实验电路(一)

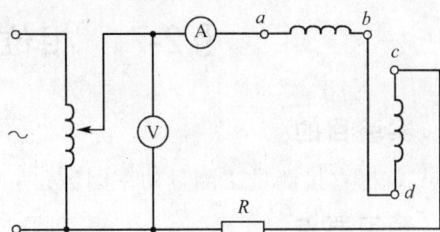

图 2-10　等效电感法实验电路(二)

五、实验内容与步骤

1.直流通断法测定互感线圈的同名端

按图 2-7 所示接线,将开关 S 合上即立即断开,如果在此瞬间万用表指针正向偏转,则线圈 1 的 a 端与线圈 2 的 c 端为一对同名端,并在该两端钮上标上"＊"标记。注意开关 S 必须立即断开,以免线圈 1 长时间通电。

2.交流电压法测定互感线圈的同名端

按图 2-8 所示接线,调压器由零逐渐升压,电流表作监视用,使电流限制在额定值以内,先测 U_{ac},再将线圈 2 对调,测量 U_{ad},记录于表 2-11 中,并判断结果。

表 2-11　　　　　　　　　　　实验数据

项　目	U_{ac}	U_{ad}
数　据		

3.等效电感法测定互感线圈的同名端

(1)按图 2-9 所示接线,接通电源前,先检查调压器是否调至零位,确认后方可接通电源,调节调压器,使其输出电压从零开始慢慢增大到实验电压。读取电流表和电压表的读数,记入表 2-12 中。

(2)按图 2-10 所示接线,接通电源前,先检查调压器是否调至零位,确认后接通电源,调节调压器,使其输出与上一步骤相同的实验电压。读取电流表和电压表的读数,记入表 2-12 中。

(3)根据步骤(1)、(2)测量数据判断结果。

表 2-12	实验数据		
		电压表读数/V	电流表读数/A
第一种连接情况(图 2-9 所示实验电路)			
第二种连接情况(图 2-10 所示实验电路)			

六、思考题

1.用直流通断法测定同名端时,开关 S 在合上后再断开的瞬间直流毫伏表的指针朝什么方向偏移?为什么会这样?

2.试分析直流通断法测定同名端的原理。

§2-7　相位及功率因数的测量

一、实验目的

掌握直接测量法测量功率因数。

二、预习要点

1.有关相位、功率因数测量的知识。

2.说明:工程上用符号 φ 表示电路的电压与电流之间的相位差角。用 $\cos\varphi$ 表示功率因数。每一个 φ 对应一个 $\cos\varphi$,所以测量相位和测量功率因数没有本质的区别,只是一个用 φ 作刻度,一个用 φ 角的余弦值作刻度。

三、实验设备

1.单相功率因数表(D26/1-$\cos\varphi$ 型),1 块;

2.感性负载(0.1 H),1 个;

3.单相调压器,1 台;

4.交流电压表(D26-V 型),1 块;

5.交流电流表(T19-A 型),1 块;

6.滑线变阻器(200 Ω/1.5 A),1 个。

四、实验内容与步骤

1.按图 2-11 所示电路图接好线路。

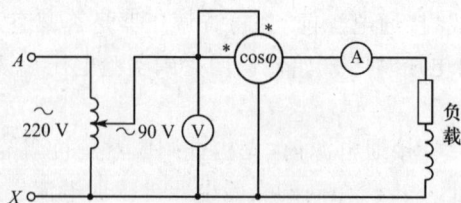

图 2-11　相位、功率因数的测量

2.调节单相调压器输出 90 V 的交流电压,用交流电压表作监视电压用;

3.读取单相功率因数表的读数。数据记录于表 2-13 中。

4.再用反三角函数计算出 φ。数据记录于表 2-13 中。

表 2-13　　　　　　　　　实验数据

项　目	U	$\cos\varphi$	φ(计算)
数　据			

五、实验注意事项

1.应注意电流表和电压表的量程,不能低于负载的电流和电压。

2.电动系功率因数表没有产生反作用力矩的游丝,故此仪表接入电路前,指针可停留在任何位置。

六、思考题

1.相位、功率因数的间接测量有几种方法?

2.容性负载时,电流和电压之间的相位关系如何?

§2-8　　单相电路有功功率的测量

一、实验目的

1.学会使用间接测量有功功率的方法。

2.学会使用直接测量有功功率的方法。

二、预习要点

1.单相功率表的接线。

2.用三表法测量功率的原理。

三、实验设备

1.单相调压器,1 台;

2.交流电流表(T19-A 型),1 块;

3.交流电压表(D26-V 型),1 块;

4.有功功率表(D26-W 型),1 块;

5.滑线变阻器(200 Ω/1.5 A),1 个。

四、实验内容与步骤

1.将调压器逆时针转到不可动的位置,此时输出电压应是 0 V。

2.按图 2-12 所示接线,经老师查线无误方可通电。顺时针转动调压器,当电压表读数为 180 V 时,记录电流表、电压表、有功功率表的读数于表 2-14 中。

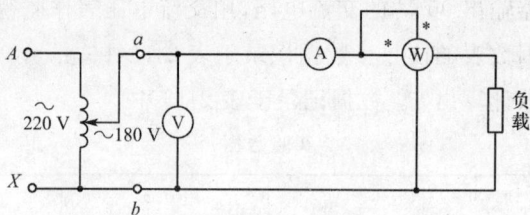

图 2-12　单相有功功率的测量

3.将调压器逆时针转到 0 V。

4.断开电源。

5.记录功率表的 n 值,再由 $P = Cn = \dfrac{U_N I_N}{N} \cdot n$($C = \dfrac{U_N I_N}{N}$,分格常数)计算出数值,记录于表 2-14 中。

表 2-14

P/W	U/V	I/A	实验值(P_{UI})/W	计算值(P_0)/W	$\Delta P = P_{UI} - P_0$/W

五、实验注意事项

1.在使用功率表接线时,要注意按"发电机端"接线方式。

2.注意电流表量程、电压表量程的正确选择。

六、思考题

1.什么情况下电压表、功率表的电压线圈采用前接方式?为什么?

2.试分析绝对误差的原因。

§2-9　三相电路的功率测量

一、实验目的

1.掌握用二表法测量三相电路的有功功率。

2.知道用三相功率表测量三相电路的有功功率。

3.掌握用二表跨相法测量三相电路的无功功率。

二、预习要点

1.测量三相电路功率的二表法。

2.测量三相电路功率的二表跨相法。

三、实验设备

1.三相自耦调压器(5 kV·A),1 台;

2.单相有功功率表(D26-W 型,300/600 V,1/2 A),1 块;

3.三相有功功率表(D33-W 型,300/600 V,1/2 A),1 块;

4. 交流电流表(1/2 A),1 块;

5. 交流电压表(300/600 V),1 块;

6. 滑线变阻器(1 000 Ω),3 个;

7. 标准电感(0.5/1 H),3 个;

8. 标准电容(10 μF),3 个。

四、实验内容与步骤

1. 用单相功率表采用二表法测量三相电路的有功功率

在三相负载为纯电阻负载的情况下,测量电路如图 2-13 所示。设三相负载采用 500 Ω 的滑线变阻器,按图 2-13 所示接线。读取并记录电流表、电压表及功率表的指示值,则三相电路的有功功率为 $P=P_1+P_2$。然后用三相有功功率表测量出三相电路的有功功率。最后根据测量的三相电流、电压值,计算出三相电路的有功功率,即 $P=3U_PI_P\cos\varphi$。数据记入表 2-15 中。

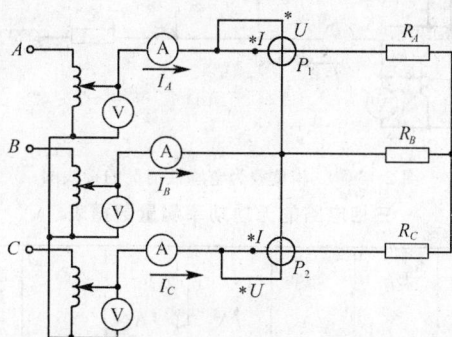

图 2-13　三相负载为纯电阻情况的接线图

表 2-15　　　　　　　三相电路的有功功率测量数据表

	U_A/V	U_B/V	U_C/V	I_A/A	I_B/A	I_C/A	P/W	P_1/W	P_2/W	P_1+P_2/W
三相对称的纯电阻负载										

2. 用三相功率表测量三相电路的有功功率

三相功率表的接线图如图 2-14 所示。

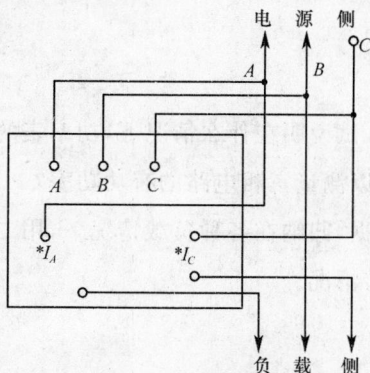

图 2-14　三相功率表的接线图

3.用单相功率表采用二表跨相法测量三相电路的无功功率

在三相负载为电感性负载(或电容性负载)的情况下,测量电路图如图 2-15 所示。设每相负载的参数为 $R=100\ \Omega,L=1\ H$,按图 2-15 所示接线。读取并记录电流表、电压表及功率表的指示值,则三相电路的无功功率为 $Q=\frac{\sqrt{3}}{2}(P_1+P_2)$。然后测量三相电流、电压值,计算出三相电路的无功功率,即 $Q=3U_PI_P\sin\varphi$。所有数据记入表 2-16 中。

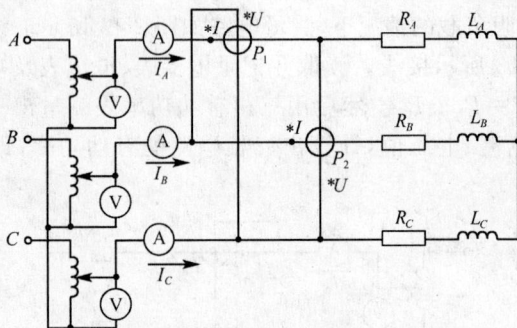

图 2-15 三相负载为电感性情况的接线图

表 2-16 三相电路的无功功率测量数据表

		U_A /V	U_B /V	U_C /V	I_A /A	I_B /A	I_C /A	Q /(V·A)	P_1/W	P_2/W	$\frac{\sqrt{3}}{2}(P_1+P_2)$ /W
三相对称电路	电感性负载										
	电容性负载										

五、实验注意事项

1.实验的电压较高,严禁带电操作。

2.测量时,功率表的电压线圈支路承受的是线电压,注意选择适当的量程,以免损坏功率表。

六、思考题

1.通过记录的测量数据,试说明在什么情况下,功率表的指针会出现反向偏转现象。

2.为什么二表跨相法可以测量三相电路的有功功率?

3.通过实际所测量的数据,归纳在各种负载情况下,用二表跨相法测量三相电路的无功功率时,功率表指针的偏转情况。

§2-10 电能的测量

一、实验目的

1. 加强对电能表结构和工作原理的认识。
2. 通过实际操作懂得单相电能表的正确接线和测量。
3. 掌握三相电能表的接线和使用。

二、预习要点

1. 预习电能表的工作原理。
2. 预习电能表的的使用。

三、实验设备

1. 单相电能表(DDS666 型静止式单相电能表),1 块;
2. 单相调压器,1 台;
3. 滑线变阻器(200 Ω/1.5 A),1 个;
4. 交流电压表(D26-V 型),1 块;
5. 三相电能表(DTS188 型电子式三极电能表),1 块。

四、实验内容与步骤

1. 单相电能表的接线

(1)将单相调压器逆时针转到 0 V 位置。

(2)打开接线盒仔细观察接线端口,再按图 2-16 所示接线。

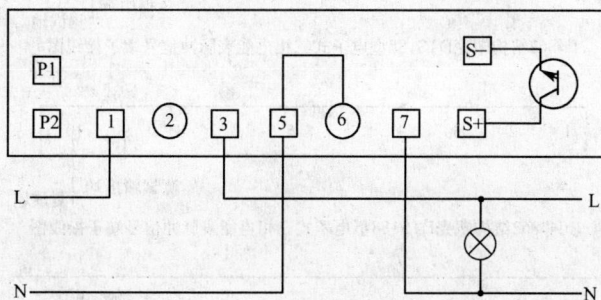

图 2-16 单相电能表的接线图

(3)经老师查线无误后方可合闸。

(4)顺时针转动调压器的转盘,当电压表在 180 V 时,停止转动,此时观察电能表的工作状况。

(5)将调压器逆时针转动到 0 V 位置,断开电源,拆线,把设备放回原处。

2. 三相电能表的接线(以 DTS188 型电子式三相电能表为例)

(1)三相电能表直接接入式。接线图如图 2-17 所示。按图接线。

(2)三相电能表经电流互感器接入式。接线图如图 2-18 所示。按图接线。

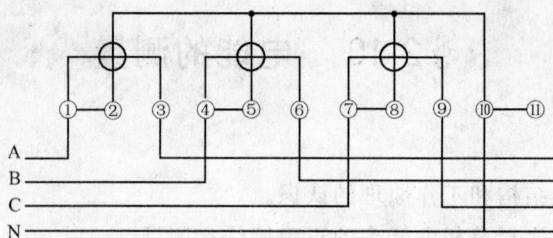

图 2-17　DTS188 型电子式三相电能表直接接入式接线图

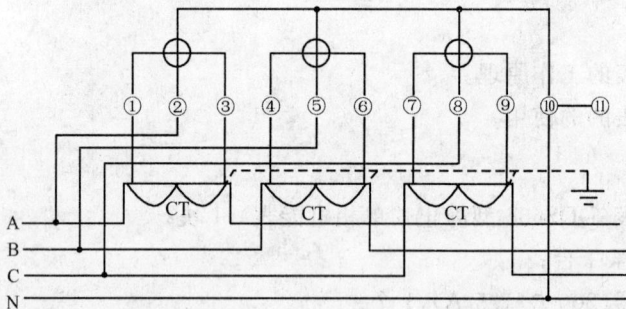

图 2-18　DTS188 型电子式三相电能表经电流互感器接入式接线图

（3）三相电能表脉冲信号端子接线图如图 2-19(a)和 2-19(b)所示。

（4）三相电能表(经电流互感器接入式)脉冲信号端子接线图如图 2-19(c)所示。

（5）三相电能表(直接接入式)脉冲信号端子接线图如图 2-19(d)所示。

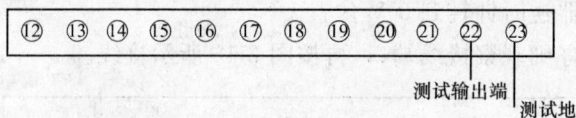

(a)862结构塑壳DTS188型电子式三相电能表脉冲信号端子接线图

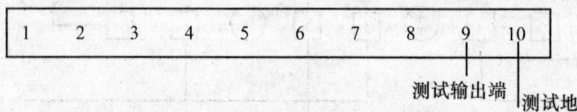

(b)非862结构塑壳DTS188型电子式三相电能表脉冲信号端子接线图

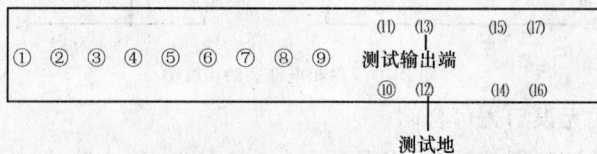

(c)DTS188型电子式三相电能表(经电流互感器接入式)脉冲信号端子接线图

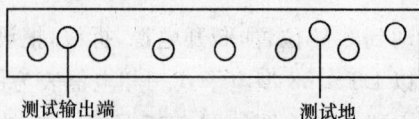

(d)DTS188型电子式三相电能表(直接接入式)脉冲信号端子接线图

图 2-19　DTS188 型电子式三相电能表端子接线图

五、实验注意事项

1. 单相调压器在接线前必须在 0 V 位置。

2. 要明确电源的相线和零线端,接线时相线与零线的"进"、"出"不能有错。

六、思考题

1. 请谈谈实验后的体会。

2. 你常会出错的地方在哪里? 今后要注意什么?

第三篇

电子技术实验实训指导

§3-1 常用仪器的原理及使用

一、实验目的

1.学习电子电路实验中常用的电子仪器:示波器、信号发生器、交流毫伏表、数字频率计等的主要技术指标、性能及正确使用方法。

2.初步掌握用双踪示波器观察正弦信号波形和读取波形参数的方法。

二、实验设备

1.信号发生器,1台;

2.双踪示波器,1台;

3.交流毫伏表,1只。

三、实验原理

在模拟电子电路实验中经常使用的电子仪器有示波器、信号发生器、交流毫伏表及数字频率计等。它们和万用表一起,可以完成对模拟电子电路的静态和动态工作情况的测试。

实验中要对各种电子仪器进行综合使用。可按照信号流向,以连线简洁、调节顺手、观察与读数方便等原则进行合理布局,各仪器与被测实验装置之间的布局与连接如图3-1所示。接线时应注意,为防止外界干扰,各仪器的公共接地端应连接在一起,称为共地。信号源和交流毫伏表的引线通常用屏蔽线或专用电缆线,示波器接线使用专用电缆线,直流稳压电源的接线用普通导线。

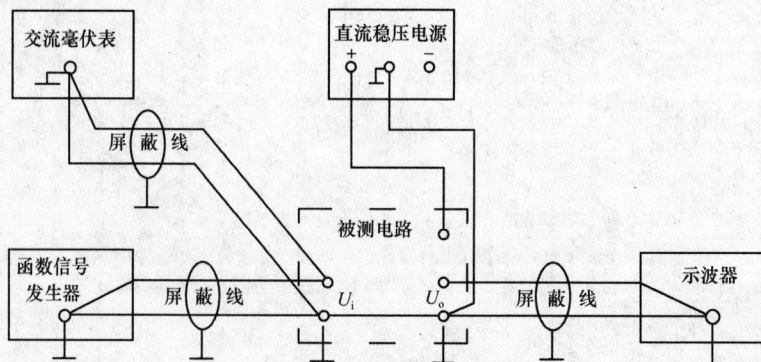

图 3-1 各仪器与被测实验装置之间的布局与连接图

1. 双踪示波器

双踪示波器的面板如图 3-2 所示。

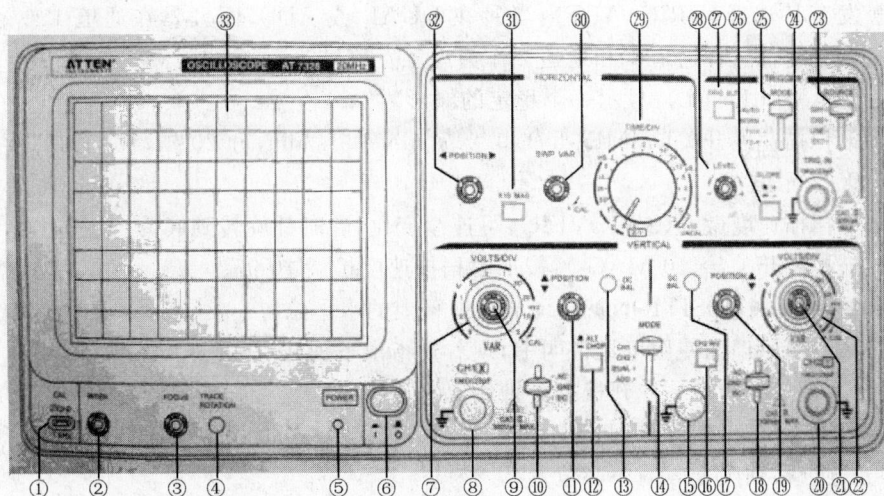

图 3-2　双踪示波器的面板

双踪示波器面板的主要功能：

①CAL：提供幅度为 $2\,V_{pp}$、频率为 $1\,kHz$ 的方波信号。

②亮度（INTEN）：调节轨迹或亮点的亮度。

③聚焦（FOCUS）：调节轨迹或亮点的聚焦。

⑥电源：主电源开关，开启时⑤（POWER）亮。

⑦、㉒垂直衰减开关（VOLTS/div）：调节垂直（纵轴）幅度为 $5\,mV/div \sim 5\,V/div$，分 10 挡。

⑧CH1(X)输入：双踪显示的通道 1；在 X-Y 模式下，作为 X 轴（横轴）输入端。

⑨、㉑垂直微调（VAR）：可连续变化，顺时针旋转到底为垂直（纵轴）校正位置。

⑩、⑱垂直轴输入信号的输入方式：AC，交流耦合；GND，输入接地；DC，直流耦合。

⑪、⑲垂直位移（▲POSITION ▼）：调节光迹点在屏幕上的垂直位置。

⑫ ALT/CHOP：双踪显示时，放开此键，两个通道交替显示（扫描速度较快时使用）；按下此键，两个通道同时断续显示（扫描速度较慢时使用）。

⑭垂直方式：CH1 或 CH2 通道单独显示。DUAL，两个通道同时显示；ADD，叠加显示两个通道的代数和 CH1＋CH2。按下⑯CH2 INV 按钮，为代数差 CH1－CH2。

⑮GND：示波器机箱的接地端子。

⑳CH2(X)输入：双踪显示的通道 2；在 X-Y 模式下，作为 Y 轴（纵轴）输入端。

㉓触发源选择（SOURCE）：INT（内触发）；EXT（外触发）。CH1，⑭ 在 DUAL 或 ADD 时，选择通道 1 作为内部触发信号源；CH2，⑭ 在 DUAL 或 ADD 时，选择通道 2 作为内部触发信号源。

㉔外触发输入端子：用于外部触发信号。使用此功能时，开关㉓应在 EXT 位置。

㉕触发方式（TRIGGER MODE）：AUTO，自动；NORM，常态；TV-V，电视场；TV-H，

电视行。

㉖极性(SLOPE):触发信号"＋"上升沿触发,"－"下降沿触发。

㉗触发交替选择(TRIG. ALT):当⑭在 DUAL 或 ADD,而且㉓在通道 1 或通道 2 时,按下㉗,会交替选择通道 1 和通道 2 作为内触发信号源。

㉘触发电平(LEVEL):显示一个稳定的波形。

㉙水平扫描速度开关(TIME/div):0.2 μs/div～5 s/div,分 20 挡;设置到 X-Y 位置时可作为 X-Y 示波器。

㉚水平扫描速度微调(SWP. VER):可连续变化,顺时针旋转到底为校正位置。

㉛扫描扩展开关(×10 MAG):按下时扫描速度扩展 10 倍。

㉜水平位移(◀POSITION▶):调节在屏幕上的水平位置。

双踪示波器原理和使用可见说明书,现着重指出下列几点注意事项:

(1)寻找扫描光迹点。在开机半分钟后,如仍找不到光迹点,可调节亮度和聚焦旋钮,从中判断光迹点位置或者适当调节垂直(▲POSITION ▼)和水平(◀POSITION▶)移位旋钮,将光迹点移到荧光屏的中心位置。

(2)为显示稳定的波形,需注意示波器面板上的下列各控制开关(或旋钮)的位置。

①"水平扫描速率"开关(T/div):它的位置应根据被观察信号的周期来确定。

②"触发源选择"开关(内、外):通常选为内触发。

③"触发方式"开关:通常可先置于"自动"位置,以便找到扫描线或波形,如波形稳定情况较差,再置于"常态"位置,但必须同时调节电平旋钮,使波形稳定。

(3)示波器有五种显示方式:属单踪显示有"CH1"、"CH2"、"CH1＋CH2";属双踪显示有"交替"与"断续"。作双踪显示时,通常采用"交替"显示方式。仅当被观察信号频率很低时(如几十赫兹以下),为在一次扫描过程中同时显示两个波形,才采用"断续"显示方式。

(4)在测量波形的幅值时,应注意 Y 轴灵敏度"微调"旋钮置于"校准"位置(顺时针旋到底)。在测量波形周期时,应将水平扫描速率"微调"旋钮置于"校准"位置(顺时针旋到底),扫描速率"扩展"旋钮置于"推进"位置。

2.信号发生器

信号发生器的面板如图 3-3 所示。

主要功能介绍:

按下波形选择,可输出正弦波、方波、锯齿波等。

调节幅值调节旋钮,输出电压最大可达 V_{p-p}＝15 V。按下衰减选择 20 dB,从输出探头输出电压衰减 10 倍;按下衰减选择 40 dB,从输出探头输出电压衰减 100 倍。

按下频段选择,输出电压频率 0 Hz～1 MHz(如需 1 kHz 正弦波,将 1 kHz 频段选择按下)。

3.交流毫伏表

交流毫伏表的面板如图 3-4 所示。

图 3-3　信号发生器的面板

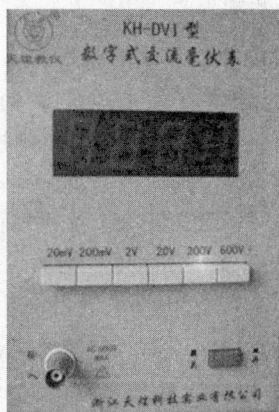

图 3-4　交流毫伏表的面板

主要功能介绍：

测量正弦交流电压时，先把量程开关置较大量程挡位，再视实际读数将适当量程按下，量程单位也是读数单位。如果量程偏小则无读数，需要加大量程。

测量时将探头接在"输入"端。

四、实验内容与步骤

1.熟悉模拟实验台面板

模拟实验台面板如图 3-5 所示。

图 3-5　模拟实验台面板

主要功能介绍：

面板左上角为电源组：直流±5 V、直流±12 V、±24 V 连续可调电源。

面板右上方为直流表计：直流毫安电流表、数字直流电压表、数字直流电流表。

面板左中部可插实验电路板或集成块。

面板右下角为信号发生器。

2.测量示波器内的校准信号

用机内校准信号[方波 $f = 1$ kHz(2％)，电压幅度＝1 V(30％)]对示波器进行自检。

（1）调出波形

①将示波器校准信号输出端通过专用电缆与 CH1（或 CH2）输入插口接通，调节示波器各有关旋钮，将触发方式开关置"自动"位置，触发源选择开关置"内"，内触发选择开关置常态，对校准信号的频率和幅值正确选择水平扫描速度开关（TIME/div）及垂直衰减开关（VOLTS/div）位置，则在荧光屏上可显示出一个或数个周期的方波。

②分别将触发方式开关置"高频"和"常态"位置，并同时调节触发电平旋钮，调出稳定波形。体会三种触发方式的操作特点。

（2）校准"校准信号"幅度

将垂直微调旋钮（VAR）置"校准"位置（顺时针旋转到底），垂直衰减开关（VOLTS/div）置适当位置，读取校准信号幅度，记入表 3-1 中。

（3）校准"校准信号"频率

将水平扫描速度微调旋钮（SWP. VER）置"校准"位置（顺时针旋转到底），水平扫描速度开关（TIME/div）置适当位置，读取校准信号周期，记入表 3-1 中。

表 3-1　　　　　　　　　　　　　实验数据

	标准值 *	实测值
幅 度	$1\ V_{\text{p-p}}$	
频 率	$1\ \text{kHz}$	

3.测量信号发生器输出电压波形及频率

（1）分别按下各频段选择按钮，调节频率粗调旋钮，令信号发生器输出频率分别为 100 Hz、1 kHz、10 kHz 的正弦波。

（2）用导线分别接入信号发生器输出孔和接地孔，送入示波器。

（3）分别改变示波器水平扫速开关、垂直衰减开关位置，调节电压幅度旋钮，用交流毫伏表测量信号源输出电压峰-峰值（$U_{\text{op-p}}=2\ V$），得到一个稳定的波形后，记入表 3-2 中。

读数注意事项：

①示波器屏幕上每个方格长度单位为 1 div，每个 div 内分 5 等份。

②如一个正弦波周期为 2 div，当时的水平扫描速度为 0.5 ms/div，则此波形周期为 $T=2\times0.5=1\ \text{ms}$，即频率为 $f=1/T=1\ \text{kHz}$。

③如一个正弦波峰-峰值为 2 div，当时的垂直衰减开关刻度值为 1 V，则此波形电压峰-峰值为 $U_{\text{p-p}}=2\times1=2\ V$，其有效值为 $U=U_{\text{p-p}}/2\sqrt{2}=\dfrac{\sqrt{2}}{2}$。

表 3-2　　　　　　　　　　　　　实验数据

信号电压	实测值			计算值
频率计读数	周期/ms	频率/Hz	峰-峰值/V	有效值/V
100 Hz				
1 kHz				
10 kHz				

4.测量小信号输入电压

(1)保持正弦波频率 1 kHz、峰-峰值 2 V 不变,将探头接入信号发生器的"输出"接线柱,再用示波器 CH1(CH2)连接。

(2)分别将信号发生器衰减 20 dB、40 dB 按下,适当调节垂直衰减旋钮,使显示波形适中时,用交流毫伏表记录两种情况下的电压峰-峰值,看看有什么关联。

§3-2　晶体管共射极单管放大器

一、实验目的

1.学会放大器静态工作点的调试方法,分析静态工作点对放大器性能的影响。

2.掌握放大器电压放大倍数、输入电阻、输出电阻及最大不失真输出电压的测试方法。

3.熟悉常用电子仪器及电子技术实验台的使用。

二、实验设备

1.+12 V 电源,1 个;

2.信号发生器,1 台;

3.双踪示波器,1 台;

4.交流毫伏表,1 只;

5.数字直流电压表,1 只;

6.数字直流毫安电流表,1 只;

7.单管放大电路实验板,1 个。

三、实验原理

如图 3-6 所示为电阻分压工作点稳定单管放大器实验电路图。它的偏置电路采用 R_{B1}(即电阻 R_{b1} 和电位器 R_p)和 R_{b2} 组成的分压电路,并在发射极中接有电阻 R_E,以稳定放大器的静态工作点。当在放大器的输入端加入输入信号 u_i 后,在放大器的输出端便可得到一个与 u_i 相位相反,幅值被放大了的输出信号 u_o,从而实现了电压放大。

在图 3-6 所示电路中,当流过偏置电阻 R_{B1}(电阻 R_{b1} 和电位器 R_p)和 R_{b2} 的电流远大于晶体管的基极电流 I_B 时(一般 5~10 倍),则它的静态工作点可用下式估算

$$U_B \approx \frac{R_{b2}}{R_{B1}+R_{b2}}U_{CC} \tag{3-1}$$

$$I_E \approx \frac{U_B-U_{BE}}{R_E} \approx I_C \tag{3-2}$$

$$U_{CE}=U_{CC}-I_C(R_C+R_E) \tag{3-3}$$

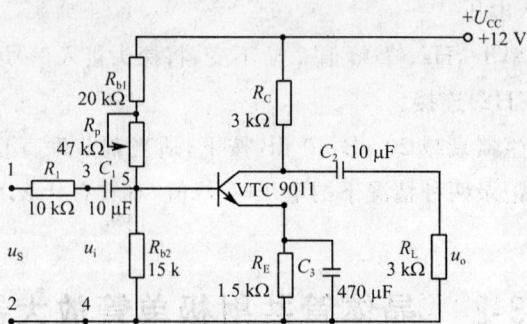

图 3-6 单管放大器实验电路图

电压放大倍数

$$A_V = -\beta \frac{R_C /\!/ R_L}{r_{be}} \qquad (3-4)$$

输入电阻 $\qquad r_i = R_{B1} /\!/ R_{b2} /\!/ r_{be} \qquad (3-5)$

输出电阻 $\qquad r_o \approx R_C \qquad (3-6)$

由于电子器件性能的分散性比较大,因此在设计和制作晶体管放大电路时,离不开测量和调试技术。在设计前应测量所用元器件的参数,为电路设计提供必要的依据,在完成设计和装配以后,还必须测量和调试放大器的静态工作点和各项性能指标。一个优质放大器必定是理论设计与实验调整相结合的产物。因此,除了学习放大器的理论知识和设计方法外,还必须掌握必要的测量和调试技术。

放大器的测量和调试一般包括:放大器静态工作点的测量与调试,消除干扰与自激振荡及放大器各项动态参数的测量与调试等。

1.放大器静态工作点的测量与调试

(1)静态工作点的测量

测量放大器的静态工作点,应在输入信号 $u_i = 0$ 的情况下进行,即将放大器输入端与地端短接,然后选用量程合适的直流毫安表和直流电压表,分别测量晶体管的集电极电流 I_C 以及各电极对地的电位 U_B、U_C 和 U_E。一般实验中,为了避免断开集电极,所以采用测量电压,然后算出 I_C 的方法。例如,只要测出 U_E,即可用 $I_C \approx I_E = \dfrac{U_E}{R_E}$ 算出 I_C(也可根据 $I_C = \dfrac{U_{CC} - U_C}{R_C}$,由 U_C 确定 I_C),同时也能算出 $U_{BE} = U_B - U_E$,$U_{CE} = U_C - U_E$。为了减小误差,提高测量精度,应选用内阻较高的直流电压表。

(2)静态工作点的调试

静态工作点是否合适,对放大器的性能和输出波形都有很大影响。如工作点偏高,放大器在加入交流信号以后易产生饱和失真,此时 u_o 的负半周将被削底,如图 3-7(a)所示;如工作点偏低,则易产生截止失真,即 u_o 的正半周被缩顶(一般截止失真不如饱和失真明显),如图 3-7(b)所示。这些情况都不符合不失真放大的要求。所以在选定工作点以后还必须进行动态调试,即在放大器的输入端加入一定的 u_i,检查输出电压 u_o 的大小和波形是否满足要求。如不满足,则应调节静态工作点的位置。

改变电路参数 U_{CC}、R_C、R_B(R_{B1}、R_{b2})都会引起静态工作点的变化,如图 3-8 所示。但通常多采用调节偏置电阻 R_{B1} 的方法来改变静态工作点,如减小 R_{B1},则可使静态工作点提高等。

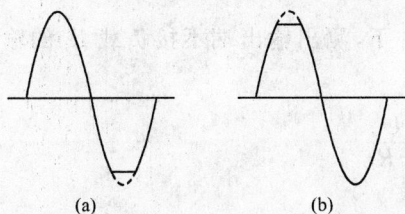

图 3-7　交流信号失真图

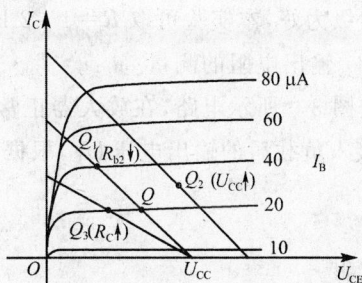

图 3-8　静态工作点与参数的关系图

最后还要说明的是,上面所说的工作点"偏高"或"偏低"不是绝对的,应该是相对信号的幅度而言,如信号幅度很小,即使工作点较高或较低也不一定会出现失真。所以确切地说,产生波形失真是信号幅度与静态工作点设置配合不当所致。如需满足较大信号幅度的要求,静态工作点最好尽量靠近交流负载线的中点。

2.放大器动态参数的测量与调试

放大器动态参数包括电压放大倍数、输入电阻、输出电阻、最大不失真输出电压(动态范围)和通频带等。

(1)电压放大倍数 A_V 的测量

调整放大器到合适的静态工作点,然后加入输入电压 u_i,在输出电压 u_o 不失真的情况下,用交流毫伏表测出 u_i 和 u_o 的有效值 U_i 和 U_o,则

$$A_V = \frac{U_o}{U_i} \tag{3-7}$$

(2)输入电阻的测量

为了测量放大器的输入电阻,按图 3-9 所示电路在被测放大器的输入端与信号源之间串入一已知电阻 R,在放大器正常工作的情况下,测出 U_S 和 U_i,则根据输入电阻的定义可得

$$r_i = \frac{U_i}{I_i} = \frac{U_i}{U_R}R = \frac{U_i R}{U_S - U_i} \tag{3-8}$$

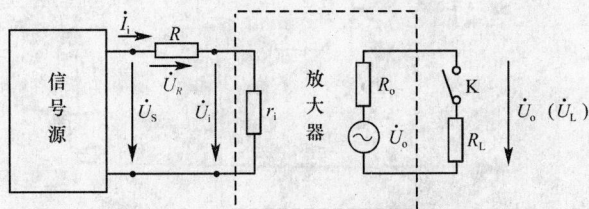

图 3-9　单管放大电路原理图

测量时应注意：

①由于电阻 R 两端没有电路公共接地点，所以测量 R 两端电压 U_R 时必须分别测出 U_S 和 U_i，然后按照 $U_R = U_S - U_i$ 求出 U_R 值。

②电阻 R 的值不易取得过大或过小，以免产生较大的测量误差，通常取 R 与 r_i 为同一数量级为好，本实验可取 $R = 1 \sim 2 \text{ k}\Omega$。

（3）输出电阻的测量

按图 3-9 所示电路，在放大器正常工作条件下，测出输出端不接负载 R_L 的输出电压 U_o 和接入负载后的输出电压 U_L，根据

$$U_L = \frac{R_L U_o}{r_o + R_L} \tag{3-9}$$

即可求出 r_o。

$$r_o = \left(\frac{U_o}{U_L} - 1\right) R_L \tag{3-10}$$

在测试中应注意，必须保持 R_L 接入前后输入信号的大小不变。

（4）最大不失真输出电压 $U_{op\text{-}p}$ 的测试（最大动态范围）

如上所述，为了得到最大动态范围，应将静态工作点调在交流负载线的中点。为此在放大器正常工作情况下，逐步增大输入信号的幅度，并同时调节 R_p（改变静态工作点），用示波器观察 u_o，当输出波形同时出现削底和缩顶现象时，说明静态工作点已调在交流负载线的中点。然后反复调整输入信号，使波形输出幅度最大，且无明显失真时，用交流毫伏表测出 U_o（有效值），则动态范围等于 $2\sqrt{2}U_o$。也可用示波器直接读出 $U_{op\text{-}p}$ 来。

四、实验内容与步骤

单管放大电路实验板如图 3-10 所示。为防止干扰，各电子仪器的公共端必须连在一起，同时信号源、交流毫伏表和示波器的引线应采用专用电缆线或屏蔽线。如使用屏蔽线，则屏蔽线的外包金属网应接在公共接地端上。

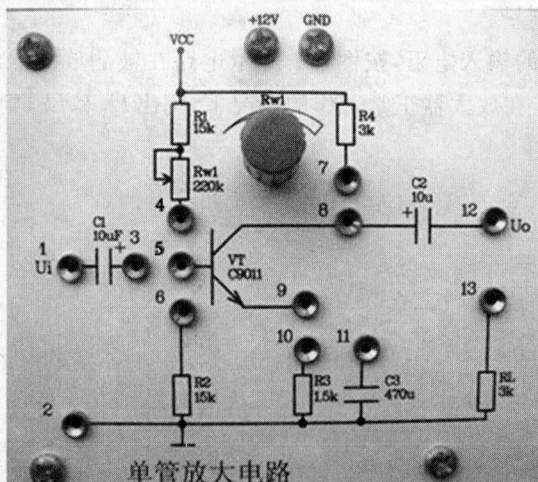

图 3-10 单管放大电路实验板

1. 测量静态工作点

在图 3-10 所示实验电路板上用导线将 3 孔与 5 孔连接、4 孔与 5 孔连接、5 孔与 6 孔连接、7 孔与 8 孔连接、9 孔与 10 孔连接、10 孔与 11 孔连接。

接通电源前，先将 R_{W1} 调到最大（右旋），信号源输出旋钮旋至零（即输入端不接信号源）。接通放大电路的 $+12$ V 电源，调节 R_{W1}，使放大电路集电极电压 $U_E=3$ V（9 孔对地电位），用数字直流电压表测量，再测量 U_B、U_C，记入表 3-3 中。

表 3-3　　　　　　　　　　　　　　　　实验数据

测 量 值			计 算 值		
U_B/V	U_E/V	U_C/V	U_{BE}/V	U_{CE}/V	I_C/mA

2. 测量电压放大倍数

在放大器输入端 u_i（1、2 孔间）加入频率为 1 kHz 的正弦信号，调节信号源的输出旋钮使放大电路的输入信号 $U_{ip\text{-}p}=20$ mV（本实验信号采用信号源下端的衰减端口输出信号，同时按下衰减 40 dB 的按钮），同时用示波器观察放大器输出电压 u_o（12 孔与地之间）的波形，在波形不失真的条件下用示波器（或交流毫伏表）测量两种情况下（即空载：12、13 孔断开；加负载：12、13 孔连接）的 $U_{op\text{-}p}$ 值，并用示波器同时观察 u_o 和 u_i 的相位关系，把结果记入表 3-4 中。

表 3-4　　　　　　　　　　　　　　　　实验数据

R_C/kΩ	R_L/kΩ	$U_{op\text{-}p}$/V	A_V	观察记录一组 u_o 和 u_i 波形
3	∞			
3	3			

3. 观察静态工作点对电压放大倍数的影响

置 $R_L=∞$（空载：12、13 孔断开），u_i 适当调节，调节 R_{W1}，用示波器监视输出的电压波形，在 u_o 不失真的条件下，测量几组 I_C（将数字直流毫安电流表串接于 7、8 孔之间）和 U_o 值，记入表 3-5 中。

表 3-5　　　　　　　　　　　　　　　　实验数据

I_C/mA			2.0		
U_o/mV					
A_u					

测量 I_C 时，要先将信号源输出旋钮旋至零（即使 $U_i=0$）。

4. 观察静态工作点对输出波形失真的影响

置 $R_L=3$ kΩ（加负载：12、13 孔连接），$u_i=0$，调节 R_{W1} 使 $I_C=2.0$ mA（也可通过测量 U_E 来估算 I_C），测出 U_{CE} 值，再逐步加大输入信号，使输出电压 u_o 足够大但不失真。然后保持输入信号不变，分别增大和减小 R_{W1}，使波形出现失真，绘出 u_o 的波形，并测出失真情况下的 I_C 和 U_{CE} 值，把结果计入表 3-6 中。每次测 I_C 和 U_{CE} 值时都要将信号源的输出旋钮旋至零。

表 3-6　　　　　　　　　　　　　　　　　实验数据

I_C/mA	U_{CE}/V	u_o波形	失真情况	管子工作状态

5.测量最大不失真输出电压

置 $R_L = 3\ \text{k}\Omega$，按照实验原理中所述方法，同时调节输入信号的幅度和电位器 R_{W1}，用示波器或交流毫伏表测量 $U_{\text{op-p}}$ 及 U_o，记入表 3-7 中。

表 3-7　　　　　　　　　　　　　　　　　实验数据

I_C/mA	U_i/mV	U_o/V	$U_{\text{op-p}}$/V

§3-3　射极跟随器

一、实验目的

1.掌握射极跟随器的特性及测试方法。

2.进一步学习放大器各项参数的测试方法。

三、实验设备

1.+12 V 电源，1 个；

2.信号发生器，1 台；

3.双踪示波器，1 台；

4.数字直流电压表，1 只；

5.交流毫伏表，1 只；

6.射极跟随器实验电路板，1 个。

三、实验原理

射极跟随器的原理图如图 3-11 所示。它是一个电压串联负反馈放大电路，它具有输入电阻高，输出电阻低，电压放大倍数接近于 1，输出电压能够在较大范围内跟随输入电压作线性变化以及输入与输出信号同相等特点。

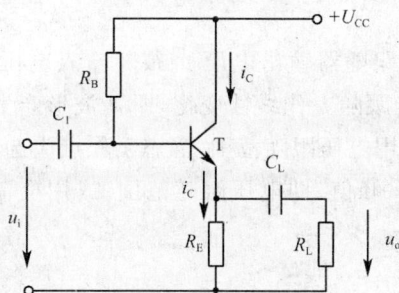

图 3-11　射极跟随器

射极跟随器的输出取自发射极,故称其为射极输出器。

1. 输入电阻 R_i

$$R_i = r_{be} + (1+\beta)R_E \tag{3-11}$$

如考虑偏置电阻 R_B 和负载 R_L 的影响,则

$$R_i = R_B \mathbin{/\mkern-5mu/} [r_{be} + (1+\beta)(R_E \mathbin{/\mkern-5mu/} R_L)] \tag{3-12}$$

由式(3-12)可知射极跟随器的输入电阻 R_i 比共射极单管放大器的输入电阻 $R_i = R_B \mathbin{/\mkern-5mu/} r_{be}$ 要高得多,但由于偏置电阻 R_B 的分流作用,输入电阻难以进一步提高。

输入电阻的测试方法同单管放大器。

$$R_i = \frac{U_i}{I_i} = \frac{U_i}{U_S - U_i} R \tag{3-13}$$

2. 输出电阻 R_o

$$R_o = \frac{r_{be}}{\beta} \mathbin{/\mkern-5mu/} R_E \approx \frac{r_{be}}{\beta} \tag{3-14}$$

如考虑信号源内阻 R_S,则

$$R_o = \frac{r_{be} + (R_S \mathbin{/\mkern-5mu/} R_B)}{\beta} \mathbin{/\mkern-5mu/} R_E \approx \frac{r_{be} - (R_S \mathbin{/\mkern-5mu/} R_B)}{\beta} \tag{3-15}$$

由式(3-15)可知射极跟随器的输出电阻 R_o 比共射极单管放大器的输出电阻 $R_o \approx R_C$ 低得多。三极管的 β 愈高,输出电阻愈小。

输出电阻 R_o 的测试方法亦同单管放大器,即先测出空载输出电压 U_o,再测接入负载 R_L 后的输出电压 U_L,根据

$$U_L = \frac{R_L}{R_o + R_L} U_o \tag{3-16}$$

即可求出 R_o

$$R_o = \left(\frac{U_o}{U_L} - 1\right) R_L \tag{3-17}$$

3. 电压放大倍数

$$A_V = \frac{(1+\beta)(R_E \mathbin{/\mkern-5mu/} R_L)}{r_{be} + (1+\beta)(R_E \mathbin{/\mkern-5mu/} R_L)} \leqslant 1 \tag{3-18}$$

式(3-18)说明射极跟随器的电压放大倍数小于等于1,且为正值。这是深度电压负反馈的结果。但它的射极电流仍比基流大 $(1+\beta)$ 倍,所以它具有一定的电流和功率

放大作用。

4.电压跟随范围

电压跟随范围是指射极跟随器输出电压 u_o 跟随输入电压 u_i 作线性变化的区域。当 u_i 超过一定范围时，u_o 便不能跟随 u_i 作线性变化，即 u_o 波形产生了失真。为了使输出电压 u_o 正、负半周对称，并充分利用电压跟随范围，静态工作点应选在交流负载线中点，测量时可直接用示波器读取 u_o 的峰-峰值，即电压跟随范围；或用交流毫伏表读取 u_o 的有效值，则电压跟随范围 $U_{op\text{-}p}=2\sqrt{2}U_o$。

四、实验内容与步骤

按图 3-12 所示连接电路。

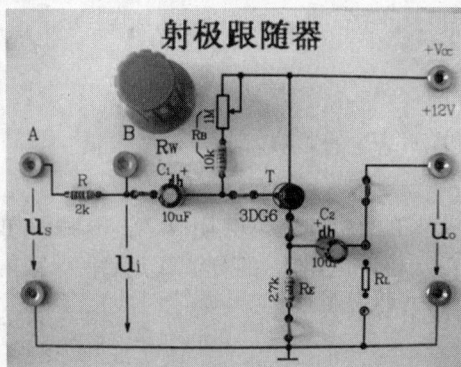

图 3-12 射极跟随器实验电路板

1.静态工作点的调整

接通 +12 V 直流电源，从输入端 A 孔与地之间加入 $f=1$ kHz 正弦信号 u_i，输出端用示波器监视输出波形，反复调整 R_w 及信号源的输出幅度，使在示波器的屏幕上得到一个最大不失真输出波形，然后置 $u_i=0$，用直流电压表测量晶体管各电极对地电位，将测得数据记入表 3-8 所示。

表 3-8 实验数据

U_E/V	U_B/V	U_C/V

在下面整个测试过程中应保持 R_w 值不变(即保持静态工作点 I_E 不变)。

2.测量电压放大倍数 A_V。

接入负载 $R_L=1$ kΩ，加 $f=1$ kHz 正弦信号 u_i，调节输入信号幅度，用示波器观察输出波形 u_L，在输出最大不失真情况下，用交流毫伏表或示波器测 U_i、U_L 值，记入表 3-9 中。

表 3-9 实验数据

U_i/V	U_L/V	A_V

3.测量输出电阻 R_o。

加 $f=1$ kHz 正弦信号 u_i，用示波器监视输出波形，测空载输出电压 U_o 及有负载

$R_L = 1\ \text{k}\Omega$ 时输出电压 U_L，记入表 3-10 中。

表 3-10　　　　　　　　　　　　　　　实验数据

U_o / V	U_L / V	$R_o / \text{k}\Omega$

4. 测量输入电阻 R_i

加 $f = 1\ \text{kHz}$ 的正弦信号 u_S，用示波器监视输出波形，分别测出 U_S、U_i，记入表 3-11 中。

表 3-11　　　　　　　　　　　　　　　实验数据

U_S / V	U_i / V	$R_i / \text{k}\Omega$

§3-4　集成运算放大器的基本应用

一、实验目的

1. 研究由集成运放组成的比例、加法、减法等基本运算电路的功能。

2. 了解运算放大器在实际应用时应考虑的一些问题。

二、实验设备

1. 集成运算放大器 741，1 台；

2. 信号发生器，1 台；

3. 交流毫伏表，1 只；

4. 数字直流电压表，1 只；

5. 示波器，1 台；

6. 集成运算放大器基本应用实验电路板，1 个。

三、实验原理

集成运算放大器简称"运放"，它实质上是一种高增益的直接耦合放大器，当运放工作在线性区时，具有"虚断"和"虚短"两个特性，通过不同的电路组合，可实现模拟信号的加、减、积分、微分、对数、指数运算，这些运算电路是构成一些复杂运算的基础及其他各种应用基本单元。

基本运算电路：

1. 反相比例运算电路

电路如图 3-13 所示。对于理想运放，该电路的输出电压与输入电压之间的关系为

$$U_o = -\frac{R_F}{R_1} U_i$$

为了减小输入级偏置电流引起的运算误差，在同相端应接入平衡电阻 $R_2 = R_1 /\!/ R_F$。

2. 反相加法运算电路

电路如图 3-14 所示，输出电压与输入电压之间的关系为

$$U_o = -\left(\frac{R_F}{R_1}U_{i1}\right) + \frac{R_F}{R_2}U_{i2}, R_3 = R_1 /\!/ R_2 /\!/ R_F \qquad (3\text{-}19)$$

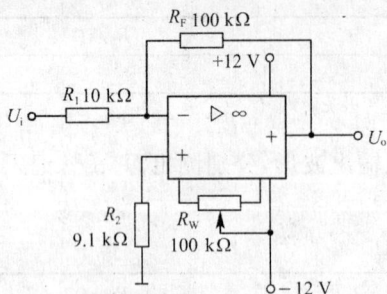 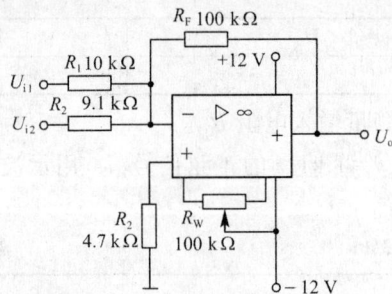

图 3-13　反相比例运算电路图　　　　　　　图 3-14　反相加法运算电路图

3. 同相比例运算电路

图 3-15(a)所示是同相比例运算电路，它的输出电压与输入电压之间的关系为

$$U_o = \left(1 + \frac{R_F}{R_1}\right)U_i, R_2 = R_1 /\!/ R_F \qquad (3\text{-}20)$$

当 $R_1 \to \infty$，$U_o = U_i$，即得到如图 3-15(b)所示的电压跟随器，图中 $R_2 = R_F$，用以减小漂移和起保护作用。一般 R_F 取 10 kΩ，R_F 太小起不到保护作用，太大则影响跟随性。

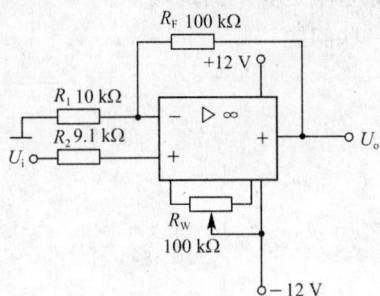 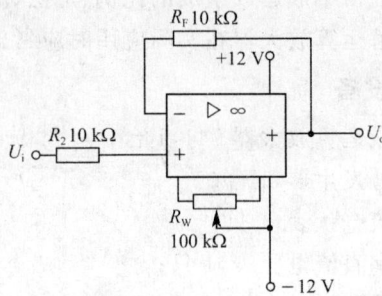

(a)　　　　　　　　　　　　　　　(b)

图 3-15　同相比例运算电路

4. 差动放大器（减法运算）电路

对于图 3-16 所示的差动放大器电路，当 $R_1 = R_2$，$R_3 = R_F$ 时，有如下关系式

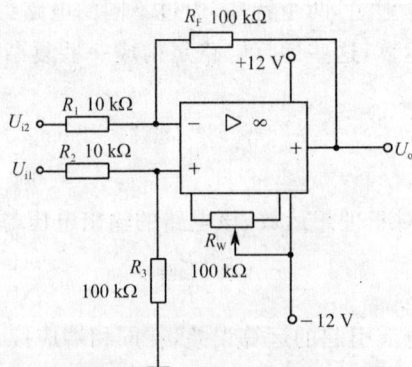

图 3-16　差动放大器电路图

$$U_o = \frac{R_F}{R_1}(U_{i1} - U_{i2}) \tag{3-21}$$

当 $R_1 = R_2 = R_3 = R_F$ 时，有如下关系式

$$U_o = U_{i1} - U_{i2} \tag{3-22}$$

四、实验内容与步骤

集成运算放大器基本应用实验电路板如图 3-17 所示。实验前要看清运放组件各引脚的位置，切忌正、负电源极性接反和输出端短路，否则将会损坏集成块。

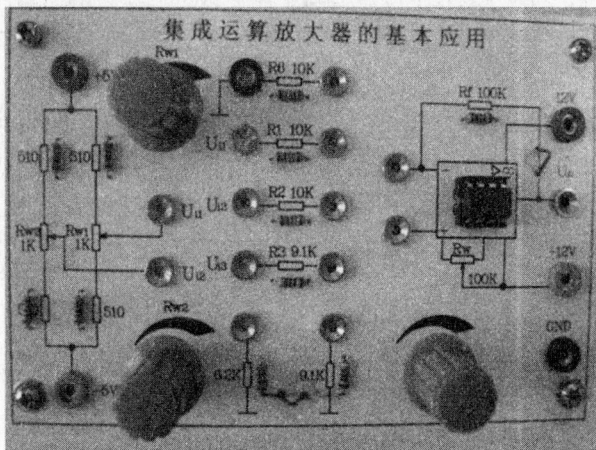

图 3-17　集成运算放大器基本应用实验电路板

1.反相比例运算电路

(1)按图 3-13 所示连接实验电路，接通 ± 12 V电源，输入端对地短路，进行调零和消振。

(2)输入 $f = 1$ kHz，$U_{ip\text{-}p} = 0.4$ V正弦交流信号，测量相应的 U_o，并用示波器观察 u_o 和 u_i 的相位关系，记入表 3-12 中。

表 3-12　　　　　　　　　　　实验数据

U_i/V	U_o/V	u_i波形	u_o波形	A_V	
				实测值	计算值

2.同相比例运算电路

(1)按图 3-15(a)所示连接实验电路，实验步骤同反相比例运算电路，将结果记入表 3-13 中。

表 3-13　　　　　　　　　　　实验数据

U_i/V	U_o/V	u_i波形	u_o波形	A_V	
				实测值	计算值

（2）按图 3-15(b)所示连接实验电路，重复实验内容，将结果记入表 3-14 中。

表 3-14 实验数据

U_i/V	U_o/V	u_i波形	u_o波形	A_V	
				实测值	计算值

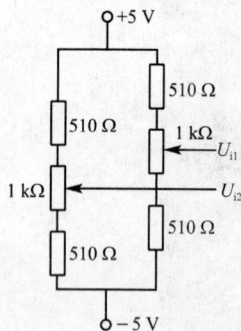

图 3-18 简易直流信号源

3.反相加法运算电路

（1）按图 3-14 所示连接实验电路，进行调零和消振。

（2）输入信号采用直流信号，图 3-18 所示电路为简易直流信号源，实验时要注意选择合适的直流信号幅度以确保集成运放工作在线性区。用数字电压表测量输入电压 U_{i1}、U_{i2} 及电压 U_o，记入表 3-15 中。

表 3-15 实验数据

U_{i1}/V	0.2	
U_{i2}/V	0.1	
U_o/V		

4.减法运算电路

（1）按图 3-16 所示连接实验电路，进行调零和消振。

（2）采用直流输入信号，实验步骤同反相加法运算电路，将结果记入表 3-16 中。

表 3-16 实验数据

U_{i1}/V	0.2	
U_{i2}/V	0.1	
U_o/V		

§3-5 基本门电路功能测试

一、实验目的

1.熟悉数字实验台的面板布置及使用方法。

2.测试各种门电路的逻辑功能。

二、实验设备

1. +5 V 直流电源,1 个;

2. 双踪示波器,1 台;

3. 四 2 输入与非门 74LS00、四 2 输入与门 74LS08、六反相器 74LS04、四 2 输入或门 74LS32、四 2 输入异或门 74LS86,各 1 个;

4. 数字实验台,1 台。

三、实验内容与步骤

1. 熟悉数字实验台面板

数字实验台面板如图 3-19 所示。

图 3-19　数字实验台面板

主要功能介绍:

面板左上角为电源组:直流±5 V、直流±12 V、±(0~24) V 连续可调电源。其下方为逻辑电平显示端口,共 16 个发光二极管,点亮为逻辑状态"1",灯暗为逻辑状态"0"。其右边为七段数码管 CD(CC)4511。

面板中部为实验区,可插装各种集成块。

面板左下方为逻辑电平输出控制开关(数据开关),共 12 个,开关抬上去为逻辑状态"1",放下来为逻辑状态"0"。旁边为 4 组 CP(单脉冲)输入接口(逻辑开关),最右边为 4 个 CP 连续脉冲输入接口(时钟)。

2. 熟悉 TTL 集成块引脚

TTL 集成块引脚图如图 3-20 所示。

3. 测试与非门逻辑功能

(1)按图 3-21 所示接线。

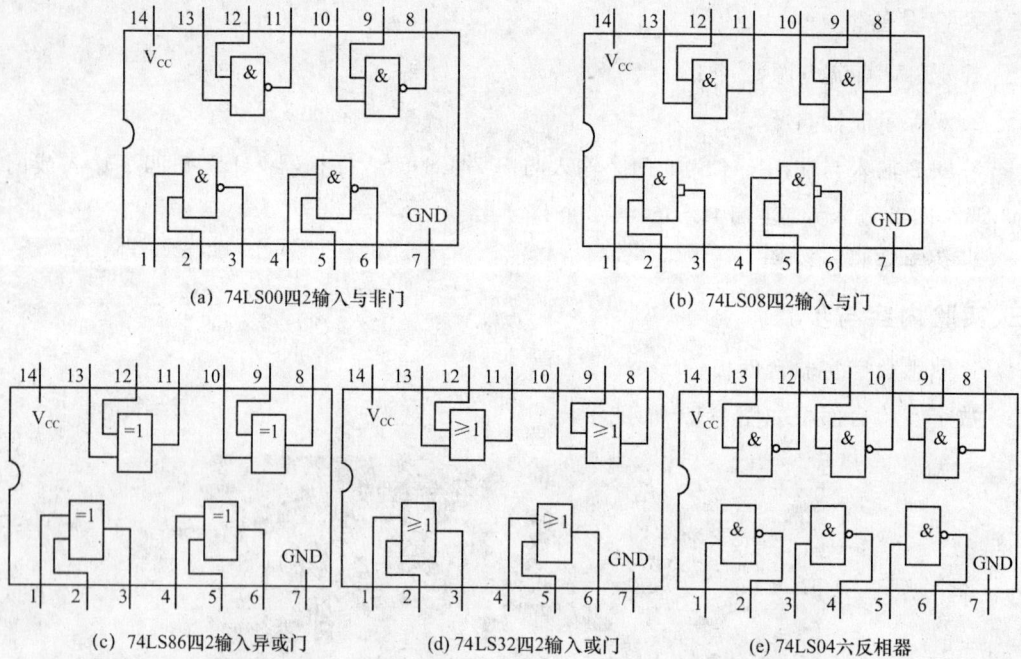

(a) 74LS00四2输入与非门　　　　(b) 74LS08四2输入与门

(c) 74LS86四2输入异或门　　(d) 74LS32四2输入或门　　(e) 74LS04六反相器

图 3-20　TTL 集成块引脚图

（2）合上数字实验台电源开关。

（3）按表 3-17 中逻辑状态组合控制"逻辑电平输出"控制开关（数据开关），观察"逻辑电平显示"状态，填入表 3-17 中。

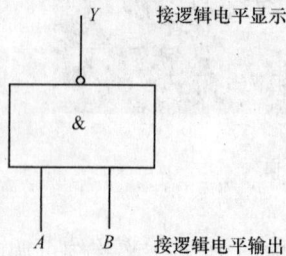

图 3-21　接线图

表 3-17　实验数据

A	B	Y
0	0	
0	1	
1	0	
1	1	

（4）根据真值表写出逻辑表达式

$$Y=$$

（5）测试完毕后，断开数字实验台电源，拆除线路。

4. 测试与门逻辑功能

（1）按图 3-22 所示接线。

（2）合上数字实验台电源开关。

（3）按表 3-18 中逻辑组合状态控制"逻辑电平输出"控制开关（数据开关），观察"逻辑电平显示"状态，填入表 3-18 中。

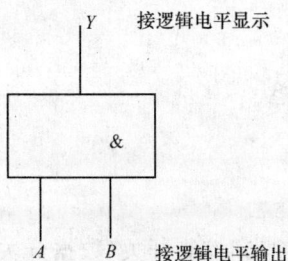

Y　接逻辑电平显示

&

A　　B　　接逻辑电平输出

图 3-22　接线图

表 3-18　实验数据

A	B	Y
0	0	
0	1	
1	0	
1	1	

（4）根据真值表写出逻辑表达式

$$Y=$$

（5）测试完毕后，断开数字实验台电源，拆除线路。

5.测试或门逻辑功能

（1）按图 3-23 所示接线。

（2）合上数字实验台电源开关。

（3）按表 3-19 中逻辑组合状态控制"逻辑电平输出"控制开关（数据开关），观察"逻辑电平显示"状态，填入表 3-19 中。

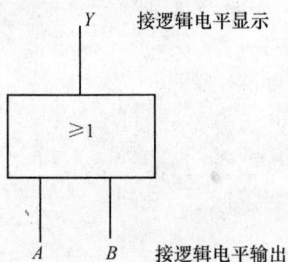

Y　接逻辑电平显示

≥1

A　　B　　接逻辑电平输出

图 3-23　接线图

表 3-19　实验数据

A	B	Y
0	0	
0	1	
1	0	
1	1	

（4）根据真值表写出逻辑表达式

$$Y=$$

（5）测试完毕后，断开数字实验台电源，拆除线路。

6.测试非门逻辑功能

（1）按图 3-24 所示接线。

（2）合上数字实验台电源开关。

（3）按表 3-20 中逻辑组合状态控制"逻辑电平输出"控制开关（数据开关），观察"逻辑电平显示"状态，填入表 3-20 中。

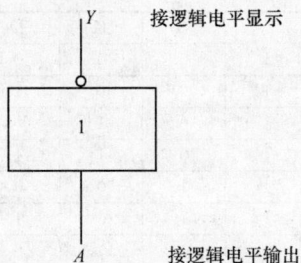

Y　接逻辑电平显示

1

A　　接逻辑电平输出

图 3-24　接线图

表 3-20　实验数据

A	Y
0	
1	

(4)根据真值表写出逻辑表达式

$$Y=$$

(5)测试完毕后,断开数字实验台电源,拆除线路。

7.测试异或门逻辑功能

(1)按图 3-25 所示接线。

(2)合上数字实验台电源开关。

(3)按表 3-21 中逻辑组合状态控制"逻辑电平输出"控制开关(数据开关),观察"逻辑电平显示"状态,填入表 3-21 中。

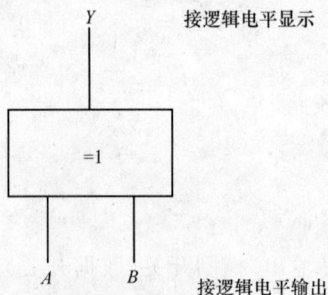

图 3-25　接线图

表 3-21		实验数据
A	B	Y
0	0	
0	1	
1	0	
1	1	

(4)根据真值表写出逻辑表达式

$$Y=$$

(5)测试完毕后,断开数字实验台电源,拆除线路。

8.测试与或非门逻辑功能

(1)按图 3-26 所示接线。

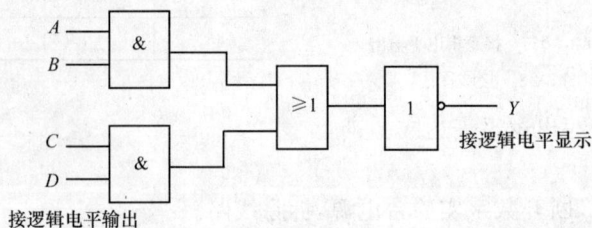

图 3-26　接线图

(2)合上数字实验台电源开关。

(3)按表 3-22 中逻辑组合状态控制"逻辑电平输出"控制开关(数据开关),观察"逻辑电平显示"状态,填入表 3-22 中。

表 3-22								实验数据
A	B	C	D	Y	A	B	C	D	Y
0	0	0	0		1	0	0	0	
0	0	0	1		1	0	0	1	
0	0	1	0		1	0	1	0	
0	0	1	1		1	0	1	1	
0	1	0	0		1	1	0	0	
0	1	0	1		1	1	0	1	
0	1	1	0		1	1	1	0	
0	1	1	1		1	1	1	1	

（4）根据真值表写出逻辑表达式

$$Y=$$

（5）测试完毕后，断开数字实验台电源，拆除线路。

§3-6　组合逻辑电路的设计与测试

一、实验目的

掌握组合逻辑电路的设计与测试方法。

二、实验设备

1.＋5 V直流电源，1个。

2.四2输入与非门74LS00，2个；四2输入与门74LS08，2个；二4输入与非门74LS20，3个；四2输入异或门74LS86，1个；四2输入或门74LS32，1个；六非门74LS04，1个。

三、实验原理

1.使用中、小规模集成电路来设计组合的电路是最常见的逻辑电路。设计组合电路的一般步骤如图3-27所示。

根据设计任务的要求建立输入、输出变量，并列出真值表。然后用逻辑代数或卡诺图化简法求出简化的逻辑表达式，并按实际选用逻辑门的类型修改逻辑表达式。根据简化后的逻辑表达式，画出逻辑图，用标准器件构成逻辑电路。最后，用实验来验证设计的正确性。

2.组合逻辑电路设计举例

用与非门设计一个4人表决电路：当4个输入端中3个或4个为"1"时，输出端才为"1"。

设计步骤：根据题意列出真值表如表3-23所示，再填入卡诺图表3-24中。

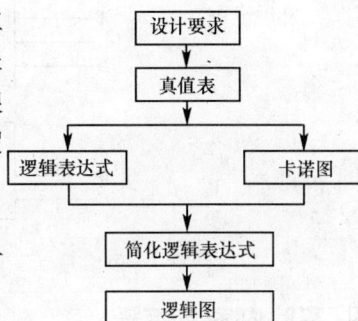

图3-27　组合逻辑电路设计流程图

表 3-23　真值表

A	0	0	0	0	0	0	0	0	1	1	1	1	1	1	1	1
B	0	0	0	0	1	1	1	1	0	0	0	0	1	1	1	1
C	0	0	1	1	0	0	1	1	0	0	1	1	0	0	1	1
D	0	1	0	1	0	1	0	1	0	1	0	1	0	1	0	1
Z	0	0	0	0	0	0	0	1	0	0	0	1	0	1	1	1

表 3-24　卡诺图

AD＼CD	00	01	11	10
00				
01			1	
11		1	1	1
10			1	

由卡诺图得出逻辑表达式,并演化成与非的形式

$$Z = ABC + BCD + ACD + ABD = \overline{\overline{ABC} \cdot \overline{BCD} \cdot \overline{ACD} \cdot \overline{ABD}} \qquad (3-23)$$

根据逻辑表达式画出用与非门构成的逻辑电路如图 3-28 所示。

用实验验证逻辑功能:

在实验装置适当位置选定 3 个 14P 插座,按照集成块定位标记插好集成块 CC4012(双 4 输入与非门)。按图 3-28 所示接线,输入端 A、B、C、D 接至逻辑电平控制开关(数据开关)插口,输出端 Z 接逻辑电平显示插口,按真值表(自拟)要求,逐次改变输入变量,测量相应的输出值,验证逻辑功能。

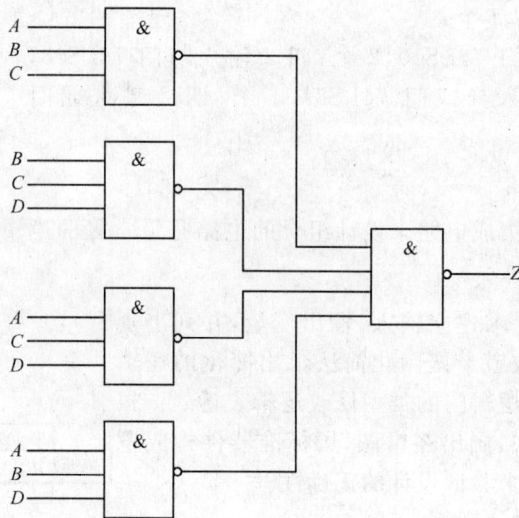

图 3-28　4 人表决电路逻辑图

四、实验内容与步骤

设计用与非门组成的半加器电路(图 3-29),将结果填入表 3-25 中。

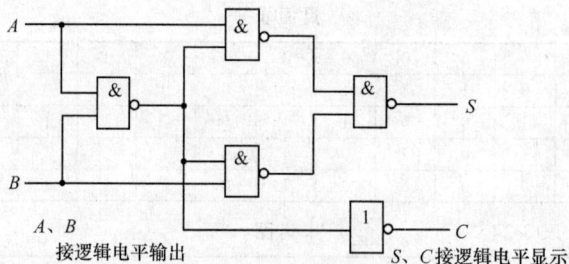

图 3-29　用与非门组成的半加器电路

表 3-25　　　　　　　　　　　　　　**实验数据**

输　入		输　出	
A	B	S	C
0	0		
0	1		
1	0		
1	1		

用异或门及与门组成的半加器电路请同学自己设计,并将结果与表 3-25 比较,判断是否一致。

§3-7　触发器

一、实验目的

1.掌握基本 RS 触发器、JK 触发器、D 触发器的逻辑功能。

2.熟悉各类触发器之间逻辑功能的相互转换方法。

二、实验设备

1.+5 V 直流电源,1 个。

2.双 JK 触发器 74LS112,1 个;双 D 触发器 74LS74,1 个;四 2 输入与非门 74LS00、六非门 74LS04,各 1 个。

三、实验原理

触发器是具有记忆功能的二进制信息存储器件,是时序逻辑电路的基本单元之一。触发器按逻辑功能可分 RS、JK、D、T 触发器;按电路触发方式可分为主从型触发器和边沿型触发器两大类。

图 3-30 所示电路是由两个与非门交叉耦合而成的基本 RS 触发器。它是无时钟控制低电平直接触发的触发器,有直接置位、复位的功能,是组成各种功能触发器的最基本单元。

JK 触发器是一种逻辑功能完善、通用性强的集成触发器,在结构上可分为主从型 JK 触发器和边沿型 JK 触发器,在产品中应用较多的是下降边沿触发的边沿型 JK 触发器。

JK 触发器有三种不同功能的输入端,第一种是直接置位、复位输入端,用 $\overline{S}$ 和 $\overline{R}$ 表示。在 $\overline{S}=0$,$\overline{R}=1$ 或 $\overline{R}=0$,$\overline{S}=1$ 时,触发器将

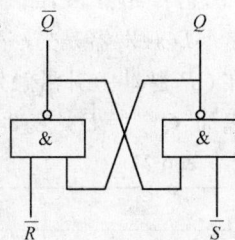

图 3-30　RS 触发器

不受其他输入端状态影响,使触发器强迫置"1"(或置"0"),当不强迫置"1"(或置"0")时,$\overline{S}$、$\overline{R}$ 都应置高电平。

第二种是时钟脉冲输入端,用来控制触发器触发翻转(或称作状态更新),用 CP 表示(在国家标准符号中称作控制输入端,用 C 表示)。逻辑符号中 CP 端处若有小圆圈,则表

示触发器在时钟脉冲下降沿（或负边沿）发生翻转；若无小圆圈，则表示触发器在时钟脉冲上升沿（或正边沿）发生翻转。

第三种是数据输入端，它是触发器状态更新的依据，用 J、K 表示。JK 触发器的状态方程为

$$Q^{n+1} = J\,\overline{Q^n} + \overline{K}Q^n \qquad\qquad (3\text{-}24)$$

本实验采用 74LS112 型双 JK 触发器。它是下降边沿触发的边沿触发器，其引脚排列如图 3-32 所示，表 3-26 为其功能表。

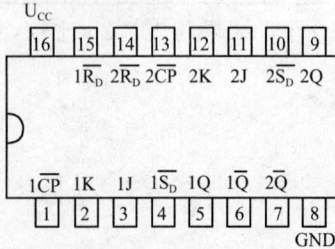

图 3-31　JK 触发器的逻辑符号图　　　　图 3-32　74LS112 型双 JK 触发器的引脚图

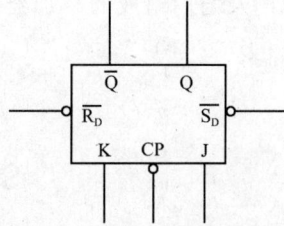

表 3-26　　　　　　　　　　　74LS112 型双 JK 触发器功能表

输入					输出	
$\overline{S_D}$	$\overline{R_D}$	$\overline{CP}$	J	K	Q^{n+1}	$\overline{Q^{n+1}}$
0	1	×	×	×	1	0
1	0	×	×	×	0	1
0	0	×	×	×	φ	φ
1	1	↓	0	0	Q^n	$\overline{Q^n}$
1	1	↓	0	0	Q^n	$\overline{Q^n}$
1	1	↓	1	0	1	0
1	1	↓	1	1	$\overline{Q^n}$	Q^n

注：×—任意态；↓—高到低电平跳变；$\overline{Q^n}(Q^n)$—现态；$Q^{n+1}(\overline{Q^{n+1}})$—次态；$\varphi$—不定态。

D 触发器是另一种使用广泛的触发器，它的基本结构多为维持阻塞型。D 触发器是在 CP 脉冲上升沿触发翻转，触发器的状态取决于 CP 脉冲到来之前 D 端的状态，状态方程为：$Q^{n+1} = D$。表 3-27 为其功能表。

表 3-27　　　　　　　　　　　D 触发器功能表

输入				输出	
$\overline{S_D}$	$\overline{R_D}$	CP	D	Q^{n+1}	$\overline{Q^{n+1}}$
0	1	×	×	1	0
1	0	×	×	0	1
0	0	×	×	φ	φ
1	1	↑	1	1	0
1	1	↑	0	0	1

注：↑—低到高电平跳变。

本实验采用 74LS74 型双 D 触发器。它是上升边沿触发的边沿触发器,其引脚排列如图 3-33 所示。D 触发器的逻辑符号如图 3-34 所示。

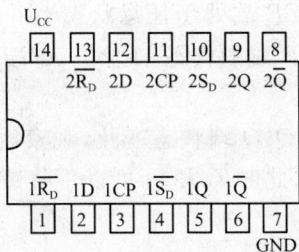

图 3-33　74LS74 型双 D 触发器的引脚图　　　　图 3-34　D 触发器的逻辑符号图

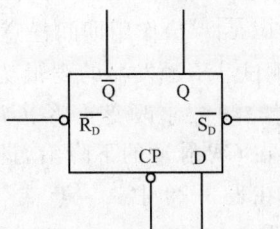

不同类型的触发器对时钟信号和数据信号的要求各不相同。一般说来,边沿触发器要求数据信号超前于触发边沿一段时间出现(称之为建立时间),并且要求在边沿到来后继续维持一段时间(称之为保持时间)。对于触发边沿陡度也有一定要求(通常要求 <100 ns)。主从触发器对上述时间参数要求不高,但要求在 $CP=1$ 期间,外加的数据信号不允许发生变化,否则将导致触发器错误输出。

在集成触发器的产品中,虽然每一种触发器都有固定的逻辑功能,但可以利用转换的方法得到其他功能的触发器。如果把 JK 触发器的 J、K 端连在一起(称为 T 端)就构成 T 触发器,状态方程为

$$Q^{n+1} = T\overline{Q^n} + \overline{T}Q^n$$

在 CP 脉冲作用下,当 $T=0$ 时,$Q^{n+1}=Q^n$;$T=1$ 时;$Q^{n+1}=\overline{Q^n}$。工作在 $T=1$ 时的 JK 触发器称为 T' 触发器,即每来一个 CP 脉冲,触发器便翻转一次。同样,若把 D 触发器的 $\overline{Q}$ 端和 D 端相连,便转换成 T' 触发器。T 和 T' 触发器广泛应用于计算电路中。值得注意的是转换后的触发器其触发方式仍不变。

四、实验内容与步骤

1. 测试基本 RS 触发器的逻辑功能

按图 3-30 所示用与非门 74LS00 构成基本 RS 触发器。

输入端 $\overline{R}$、$\overline{S}$ 接逻辑电平控制开关(数据开关),输出端 Q、$\overline{Q}$ 接逻辑电平显示端口,按表 3-28 要求测试逻辑功能并记录在表中。

表 3-28　　　　　　　　　　　　　　实验数据

$\overline{R}$	$\overline{S}$	Q	$\overline{Q}$
1	0		
0	1		
1	1		
0	0		

2. 测试双 JK 触发器 74LS112 的逻辑功能。

(1) 测试 $\overline{R_D}$、$\overline{S_D}$ 的复位、置位功能

①取一只 74LS112 型双 JK 触发器,如图 3-31 和 3-32 所示,$\overline{R_D}$、$\overline{S_D}$、J、K 端接逻辑

电平控制开关(数据开关),CP 端接单次脉冲源(面板上的逻辑开关),Q、$\overline{Q}$ 端接逻辑电平显示。

②按表 3-26 要求改变 $\overline{R_D}$、$\overline{S_D}$ 端状态(J、K、CP 端处于任意状态),并在 $\overline{R_D}=0$($\overline{S_D}=1$)或 $\overline{S_D}=0$($\overline{R_D}=1$)作用期间任意改变 J、K 及 CP 端的状态,观察 Q、$\overline{Q}$ 端状态。

(2)测试 JK 触发器的逻辑功能

按表 3-29 要求改变 J、K、CP 端状态,观察 Q、$\overline{Q}$ 端状态变化,观察触发器状态更新是否发生在 CP 脉冲的下降沿,即 CP 由 1 至 0(此时 $\overline{R_D}$ 和 $\overline{S_D}$ 可以不接或同时置于高电平),记录在表 3-29 中。

表 3-29 实验数据

J	K	CP	Q^{n+1}	
			$Q^n=0$	$Q^n=1$
0	0	$0\to1$		
		$1\to0$		
0	1	$0\to1$		
		$1\to0$		
1	0	$0\to1$		
		$1\to0$		
1	1	$0\to1$		
		$1\to0$		

(3)测试 T 触发器的逻辑功能

将 JK 触发器的 J、K 端连在一起,构成 T 触发器。

CP 端输入 1 Hz 连续脉冲,用逻辑电平显示观察 Q 端变化情况。

3.测试双 D 触发器 74LS74 的逻辑功能

(1)测试 $\overline{R_D}$、$\overline{S_D}$ 的复位、置位功能

测试方法同实验内容 2(1)。

(2)测试 D 触发器的逻辑功能。

取一只 74LS 型双 D 触发器,如图 3-33 和图 3-34 所示,按表 3-30 要求进行测试,并观察触发器状态更新是否发生在 CP 脉冲的上升沿(即由 0 至 1),记录在表 3-30 中。

表 3-30 实验数据

D	CP	Q^{n+1}	
		$Q^n=0$	$Q^n=1$
0	$0\to1$		
	$1\to0$		
1	$0\to1$		
	$1\to0$		

§3-8 计数器

一、实验目的

1.学习用集成触发器构成计数器的方法。

2.熟悉中规模集成十进制计数器的逻辑功能及使用方法。

二、实验设备与器件

1.＋5 V 直流电源,1 个;

2.双 D 触发器 74LS74、同步十进制可逆计数器 74LS192,各 2 个。

三、实验原理

计数器是一种重要的时序逻辑电路,它不仅可以计数,而且用作定时控制及进行数字运算等。按计数功能计数器可分加法、减法和可逆计数器。按计数体制计数器可分为二进制和任意进制计数器,而任意进制计数器中常用的是十进制计数器。按计数脉冲引入的方式又有同步和异步计数器之分。

1.用 D 触发器构成异步二进制加法计数器

图 3-35 所示是用 4 只 D 触发器构成的四位二进制异步加法计数器。它的连接特点是将每只 D 触发器接成 T' 触发器形式,再将低位触发器的 $\overline{Q}$ 端和高一位的 CP 端相连接,即构成异步加法计数方式。若把图 3-35 所示稍加改动,即将低位触发器的 Q 端和高一位的 CP 端相连接,即构成了异步减法计数器。

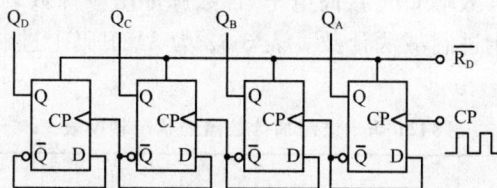

图 3-35　四位二进制异步加法计数器

本实验采用的 D 触发器型号为 74LS74,其引脚图及逻辑符号图如图 3-33 和 3-34 所示。

2.中规模十进制计数器

中规模集成计数器品种多,功能完善,通常具有预置、保持、计数等多种功能。74LS192 同步十进制可逆计数器具有双时钟输入,可以执行十进制加法和减法计数,并具有清除、置数等功能。其引脚排列如图 3-36 所示。表 3-31 为 74LS192 功能表。

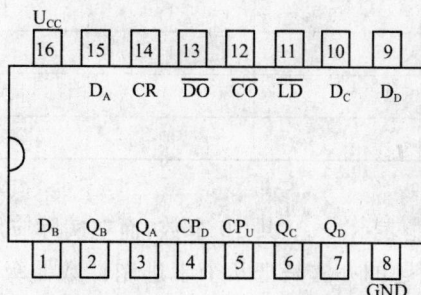

图 3-36　74LS192 的引脚图

$\overline{LD}$—置数端;CP_U—加计数端;CP_D—减计数端;$\overline{DO}$—非同步借位输出端;$\overline{CO}$—非同步进位输出端;

Q_A、Q_B、Q_C、Q_D—计数器输出端;D_A、D_B、D_C、D_D—数据输入端;CR—清除端

表 3-31　　　　　　　　　　　　　74LS192 功能表

输　入								输　出			
CR	$\overline{LD}$	CP_U	CP_D	D_D	D_C	D_B	D_A	Q_D	Q_C	Q_B	Q_A
1	×	×	×	×	×	×	×	0	0	0	0
0	0	×	×	d	c	b	a	d	c	b	a
0	1	↑	1	×	×	×	×	加计数			
0	1	1	↑	×	×	×	×	减计数			

说明如下：

当清除端 CR 为高电平"1"时,计数器直接清零(称为异步清零)。执行其他功能时, CR 置低电平。

当 CR 为低电平,置数端 $\overline{LD}$ 为低电平时,数据直接从置数端 D_A、D_B、D_C、D_D 置入计数器。

当 CR 为低电平, $\overline{LD}$ 为高电平时,执行计数功能。执行加计数时,减计数端 CP_D 接高电平,计数脉冲由加计数端 CP_U 输入,在计数脉冲上升沿进行 8421 编码的十进制加法计数。执行减计数时,加计数端 CP_U 接高电平,计数脉冲由减计数端 CP_D 输入,在计数脉冲上升沿进行 8421 编码十进制减法计数。表 3-32 为 8421 码十进制加计数器的状态转换表。

表 3-32　　　　　　　　　8421 码十进制加计数器的状态转换表

输入脉冲数	输　出			
	Q_D	Q_C	Q_B	Q_A
0	0	0	0	0
1	0	0	0	1
2	0	0	1	0
3	0	0	1	1
4	0	1	0	0
5	0	1	0	1
6	0	1	1	0
7	0	1	1	1
8	1	0	0	0
9	1	0	0	1

3.计数器的级联使用

一只十进制计数器只能表示 0～9 共 10 个数,而在实际应用中要计的数往往很大,一位数是不够的,解决这个问题的办法是把几个十进制计数器级联使用,以扩大计数范围。如图 3-37 所示为由两只 74LS192 构成的加计数级联电路图,连接特点是低位计数器的 CP_U 端接计数脉冲,进位输出端 $\overline{CO}$ 接到高一位计数器的 CP_U 端。在加计数过程中,当低位计数器输出端由 $1001(9_{10})$ 变为 $0000(0_{10})$ 时,进位输出端 $\overline{CO}$ 输出一个上升沿,送到高一位的 CP_U 端,使高一位计数器加 1。也就是说低位计数器每计满个位的 10 个数,则高位计数器计 1 个数。同理,在减计数过程中,当低位计数器的输出端由 $0000(0_{10})$ 变为 $1001(9_{10})$ 时,借位输出 $\overline{CO}$ 输出一个上升沿,送到高一位的 CP_D 端,使高一位减 1。

4.实现任意进制计数

我们可以利用中规模集成计数器中各控制及置数端,通过不同的外电路连接,使该计数器成为任意进制计数器,达到功能扩展的目的。图 3-38 为利用 74LS192 的置数端 $\overline{LD}$ 的置数功能构成五进制加法计数器的原理图,其状态转换表如表 3-33 所示。它的工作过程是:预先在置数输入端输入所需的数,本例为 $D_D D_C D_B D_A = 0000$。假设该计数器从 0000 状态开始按 8421 编码计数,当输出状态达到 0100 后再来一个计数脉冲,计数器输出端先出现 $Q_D Q_C Q_B Q_A = 0101$,此时与非门输出立刻变为低电平,于是四位并行数据 $D_D D_C D_B D_A = 0000$ 被置入计数器中,即 $Q_D Q_C Q_B Q_A = 0000$,实现了五进制计数,紧接着 $\overline{LD}$ 恢复高电平,为第二次循环做好准备。这种方法的缺点是置数时间太短及利用了一个无效态,可能会造成译码显示部分产生误动作,此时,应采取措施消除。

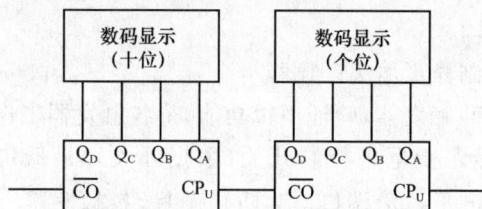

图 3-37 加计数级联电路图

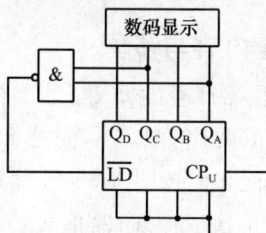

图 3-38 五进制加法计数器的原理图

表 3-33 五进制加法计数器的状态转换表

计数脉冲	输 出			
CP	Q_D	Q_C	Q_B	Q_A
0	0	0	0	0
1	0	0	0	1
2	0	0	1	0
3	0	0	1	1
4	0	1	0	0
5	0	0	0	0

5.译码及显示

计数器输出端的状态反映了计数脉冲的多少,为了把计数器的输出显示为相应的数,需要接上译码器和显示器。计数器采用的码制不同,译码器电路也不同。

二-十进制译码器用于将二-十进制代码译成十进制数字,去驱动十进制的数字显示器件,显示数字 0～9。由于各种数字显示器件的工作方式不同,因而对译码器的要求也不一样。中规模集成七段译码器 CC4511 用于共阴极显示器,可以与磷砷化 LED 数码管 BS201 或 BS202 配套使用。CC4511 可以把 8421 编码的十进制数译成 7 段输出 a、b、c、d、e、f、g,用以驱动共阴极 LED。图 3-39 所示为 LED 7 个字段显示示意图。图 3-40 所示为计数、译码、显示的结构框图。在实验台上已完成了译码 CC4511 和显示器 BS202 之间的连接,实验时只要将十进制计数器的输出端 Q_A、Q_B、Q_C、Q_D 直接连接到译码器的相应输入端 A、B、C、D,即可显示数字 0～9。

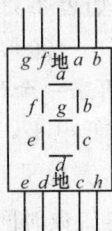

图 3-39　LED 7 个字段显示示意图　　　　图 3-40　计数、译码、显示的结构框图

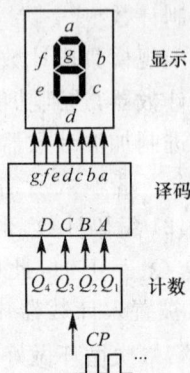

四、实验内容与步骤

1. 用双 D 触发器 74LS74 构成四位二进制异步加法计数器

(1)取两片 74LS74,先把 D 触发器接成 T' 触发器,验证逻辑功能,待各触发器工作正常后,再把它们按图 3-35 所示连接。$\overline{R_D}$ 端接逻辑电平控制开关(数据开关),最低位的 CP 端接单次脉冲源,输出端 Q_A～Q_D 接逻辑电平显示端口。为防止干扰,各触发器 $\overline{S_D}$ 端应接某固定高电平(可接+5 V 电源处)。

(2)清零后,由最低位触发器的 CP 端逐个送入单次脉冲,观察并列表记录 Q_A～Q_D 状态。

2. 测试 74LS192 同步十进制可进计数器的逻辑功能

计数脉冲由单次脉冲源提供,清零端 CR、置数端 $\overline{LD}$、数据输入端 D_A、D_B、D_C、D_D 分别接逻辑电平控制开关(数据开关),输出端 Q_A、Q_B、Q_C、Q_D 分别接实验台上译码相应输入端 A、B、C、D 及逻辑电平显示器,$\overline{DO}$、$\overline{CO}$ 接逻辑电平显示端口。

按表 3-31 逐项测试 74LS192 的逻辑功能,判断此集成块功能是否正常。

(1)清零

令 $CR=1$,其他输入为任意状态,这时 $Q_DQ_CQ_BQ_A=0000$,译码显示为"0"。清除功能完成后,置 $CR=0$。

(2)置数

令 $CR=0$,CP_U、CP_D 任意,数据输入端输入任意一组二进制数 $D_DD_CD_BD_A=dcba$,令 $\overline{LD}=0$,观察计数器输出 $dcba$ 是否已被置入。预置功能完成后,置 $\overline{LD}=1$。

(3)加计数

$CR=0,\overline{LD}=CP_D=1,CP_U$ 接单次脉冲源。

清零后由 CP_U 逐个送入 10 个单次脉冲,观察 Q_A～Q_D、$\overline{CO}$ 状态变化及数码显示情况。

(4)减计数

$CR=0,\overline{LD}=CP_U=1,CP_D$ 接单次脉冲源。

参照(3)进行实验。

第四篇

电机实验实训指导

§4-1　单相变压器

一、实验目的

1. 通过空载和短路实验测定变压器的变比和参数。
2. 通过负载实验测取变压器的运行特性。

二、预习要点

1. 变压器的空载和短路实验有什么特点？实验中电源电压一般加在哪一方较合适？
2. 在空载和短路实验中，各种仪表应怎样连接才能使测量误差最小？
3. 如何用实验方法测定变压器的铁耗及铜耗？

三、实验设备

1. 电机教学实验台主控制屏；
2. 功率及功率因数表；
3. 单相变压器；
4. 三相可调电阻（900 Ω，NMEL-03）；
5. 旋转指示灯及开关板（NMEL-05B）。

四、实验内容与步骤

1. 空载实验

空载实验线路图如图 4-1 所示。

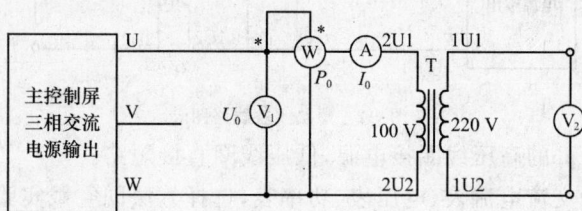

图 4-1　空载实验线路图

变压器 T 选用单相变压器。实验时，变压器低压线圈 2U1、2U2 接电源，高压线圈 1U1、1U2 开路。

A 为交流电流表,V_1、V_2 为交流电压表。

W 为功率表。接线时,需注意电压线圈和电流线圈的同名端,避免接错线。

上述仪表均为智能型数字仪表。

实验步骤如下:

(1)在三相交流电源断电的条件下,将调压器旋钮逆时针方向旋转到底,并合理选择各仪表量程。

(2)合上交流电源总开关,即按下绿色"闭合"开关,顺时针调节调压器旋钮,使变压器空载电压 $U_0 = 1.2U_N$。

(3)然后,逐次降低电源电压,在 $(0.5 \sim 1.2)U_N$ 的范围内;测取变压器的 U_0、I_0、P_0,共取 6~7 组数据,记录于表 4-1 中。其中 $U = U_N$ 的点必须测,并在该点附近测的点应密些。为了计算变压器的变化,在 U_N 以下测取原边电压的同时测取副边电压,填入表 4-1 中。

(4)测量数据以后,断开三相电源,为下次实验作好准备。

表 4-1   实验数据

序号	测量数据				计算数据
	U_0/V	I_0/A	P_0/W	$U_{1U1.1U2}$	$\cos\varphi_2$
1	$0.5U_N$				
2	$0.7U_N$				
3	$0.8U_N$				
4	$0.9U_N$				
5	U_N				
6	$1.1U_N$				
7	$1.2U_N$				

2.短路实验

短路实验线路图如图 4-2 所示。(每次改接线路时,都要关闭电源。)

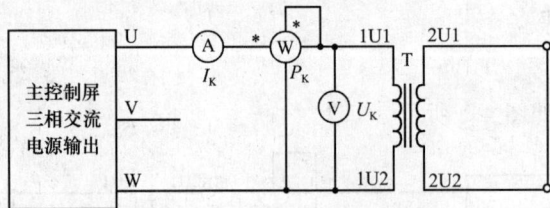

图 4-2 短路实验线路图

实验时,变压器 T 的高压线圈接电源,低压线圈直接短路。

A、V、W 分别为交流电流表、电压表、功率表,选择方法同空载实验。

实验步骤如下:

(1)断开三相交流电源,将调压器旋钮逆时针方向旋转到底,即使输出电压为零。

(2)合上交流电源绿色"闭合"开关,接通交流电源,逐次增加输入电压,直到短路电流

等于 $1.1I_N$ 为止。在 $(0.5 \sim 1.1)I_N$ 范围内测取变压器的 U_K、I_K、P_K，共取 $6 \sim 7$ 组数据，记录于表 4-2 中，其中 $I = I_K$ 的点必测。还应记录实验时周围环境温度($℃$)。

表 4-2 　　　　　　　　　　　　　　实验数据

序　号	测量数据			计算数据
	U_K/V	I_K/A	P_K/W	$\cos\varphi_K$
1		$0.5I_N$		
2		$0.6I_N$		
3		$0.7I_N$		
4		$0.8I_N$		
5		$0.9I_N$		
6		I_N		
7		$1.1I_N$		

3. 负载实验

负载实验线路图如图 4-3 所示。

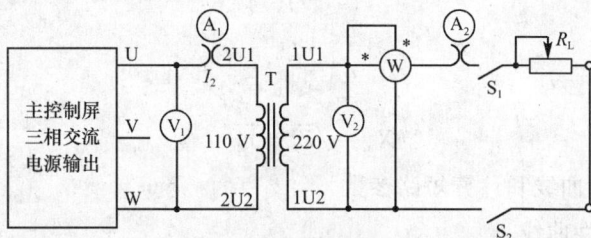

图 4-3　负载实验线路图

变压器 T 低压线圈接电源，高压线圈经过开关 S_1 和 S_2，接到负载电阻 R_L 上。R_L 选用 NMEL-03 的两只 900 Ω 电阻相串联，开关 S_1、S_2 采用 NMEL-05B 的双刀双掷开关，电压表、电流表、功率表(含功率因数表)的选择同空载实验。

实验步骤如下：

(1)合上主电源前，将调压器调节旋钮逆时针调到底，S_1、S_2 断开，负载电阻值调到最大。

(2)合上交流电源，逐渐升高电源电压，使变压器输入电压 $U_1 = U_N = 110$ V。

(3)在保持 $U_1 = U_N$ 的条件下，合上开关 S_1 和 S_2，逐渐增加负载电流，即减小负载电阻 R_L 的值，从空载到额定负载范围内，测取变压器的输出电压 U_2 和电流 I_2。

(4)测取数据时，$I_2 = 0$ 和 $I_2 = I_{2N} = 0.35$ A 必测，共取数据 $6 \sim 7$ 组，记录于表 4-3 中。

表 4-3 　　　　　　　　　　　　　　实验数据

序号	1	2	3	4	5	6	7
U_2/V							
I_2/A							

五、实验注意事项

1. 在变压器实验中，应注意电压表、电流表、功率表的合理布置。

2.短路实验操作要快,否则线圈发热会引起电阻变化。

六、实验要求

1.计算变比

由空载实验测取变压器的原、副方额定电压数据,计算出变比 K,即

$$K=U_{1U1 \cdot 1U2}/U_{2U1 \cdot 2U2}$$

2.绘出空载特性曲线和计算激磁参数

(1)绘出空载特性曲线

$$U_0=f(I_0),P_0=f(U_0),\cos\varphi_0=f(U_0)$$

式中

$$\cos\varphi_0=\frac{P_0}{U_0 I_0}$$

(2)计算激磁参数

从空载特性曲线上查出对应于 $U_0=U_N$ 时的 I_0 和 P_0 值,并由下式算出激磁参数

$$r_m=\frac{P_0}{I_0^2}$$

$$Z_m=\frac{U_0}{I_0}$$

$$X_m=\sqrt{Z_m^2-r_m^2}$$

3.绘出短路特性曲线和计算短路参数

(1)绘出短路特性曲线

$$U_K=f(I_K),P_K=f(I_K),\cos\varphi_K=f(I_K)$$

(2)计算短路参数。

测定短路电流 $I_K=I_N$ 时的 U_K 和 P_K 值,由下式算出实验环境温度 θ ℃时的参数

$$Z_K'=\frac{U_K}{I_K}$$

$$r_K'=\frac{P_K}{I_K^2}$$

$$X_K'=\sqrt{Z_K'^2-r_K'^2}$$

折算到低压方

$$Z_K=\frac{Z_K'}{K^2}$$

$$r_K=\frac{r_K'}{K^2}$$

$$X_K=\frac{X_K'}{K^2}$$

由于短路电阻 r_K 随温度而变化,因此,算出的短路电阻应按国家标准换算到基准工作温度 75 ℃时的阻值,即

$$r_{\mathrm{K}75\,℃} = r_{\mathrm{K}\theta\,℃} \frac{234.5 + 75}{234.5 + \theta}$$

$$Z_{\mathrm{K}75\,℃} = \sqrt{r_{\mathrm{K}75\,℃}^2 + X_{\mathrm{K}}^2}$$

式中,234.5 为铜导线的常数,若用铝导线常数应改为 228。

阻抗电压

$$U_{\mathrm{K}} = \frac{I_{\mathrm{N}} Z_{\mathrm{K}75\,℃}}{U_{\mathrm{N}}} \times 100\%$$

$$U_{\mathrm{Kr}} = \frac{I_{\mathrm{N}} r_{\mathrm{K}75\,℃}}{U_{\mathrm{N}}} \times 100\%$$

$$U_{\mathrm{KX}} = \frac{I_{\mathrm{N}} X_{\mathrm{K}}}{U_{\mathrm{N}}} \times 100\%$$

$I_{\mathrm{K}} = I_{\mathrm{N}}$ 时的短路损耗 $p_{\mathrm{KN}} = I_{\mathrm{N}}^2 r_{\mathrm{K}75\,℃}$。

4.画等效电路

利用空载和短路实验测定的参数,画出被试变压器折算到低压方的 Γ 型等效电路。

5.变压器的电压变化率 ΔU

(1)绘出 $\cos\varphi_2 = 1$ 外特性曲线 $U_2 = f(I_2)$,由特性曲线计算出 $I_2 = I_{2\mathrm{N}}$ 时的电压变化率 ΔU

$$\Delta U = \frac{U_{20} - U_2}{U_{20}} \times 100\%$$

(2)根据实验求出的参数,算出 $I_2 = I_{2\mathrm{N}}$、$\cos\varphi_2 = 1$ 时的电压变化率 ΔU

$$\Delta U = (U_{\mathrm{Kr}}\cos\varphi_2 + U_{\mathrm{KX}}\sin\varphi_2)$$

§4-2　三相变压器的连接组

一、实验目的

1.掌握用实验方法测定三相变压器的极性。

2.掌握用实验方法判别变压器的连接组。

二、预习要点

1.连接组的定义是什么?为什么要研究连接组?国家规定的标准连接组有哪几种?

2.如何把 Y,y0 连接组改成 Y,y6 连接组以及把 Y,d11 改为 Y,d5 连接组?

三、实验设备

1.电机教学实验台主控制屏;

2.功率及功率因数表;

3.三相芯式变压器(NMEL-25);

4.旋转指示灯及开关板(NMEL-05B)。

四、实验内容与步骤

1. 测定极性

(1)测定相间极性

被试变压器选用三相芯式变压器,用其中高压和低压两组绕组,额定容量 P_N = 152/152 W,U_N = 220/55 V,I_N = 0.4/1.6 A,Y,y 接法。阻值大为高压绕组,用 1U1、1V1、1W1、1U2、1V2、1W2 标记。低压绕组用 3U1、3V1、3W1、3U2、3V2、3W2 标记。

①按照图 4-4 所示接线,将 1U1、1U2 和电源 U、V 相连,1V2、1W2 两端点用导线相连。

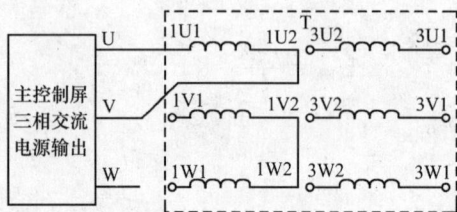

图 4-4 测定相间极性接线图

②合上交流电源总开关,即按下绿色"闭合"开关,顺时针调节调压器旋钮,在 U、V 间施加约 50%U_N 的电压。

③测出电压 $U_{1V1\cdot1V2}$,$U_{1W1\cdot1W2}$,$U_{1V1\cdot1W1}$,若 $U_{1V1\cdot1W1}$ = $|U_{1V1\cdot1V2} - U_{1W1\cdot1W2}|$,则首末端标记正确;若 $U_{1V1\cdot1W1}$ = $|U_{1V1\cdot1V2} + U_{1W1\cdot1W2}|$,则标记不对,需将 V、W 两相任一相绕组的首末端标记对调。然后用同样方法,将 V、W 两相中的任一相施加电压,另外两相末端相连,定出每相首、末端正确的标记。

(2)测定原、副方极性

①暂时标出三相低压绕组的标记 3U1、3V1、3W1、3U2、3V2、3W2,然后按照图 4-5 所示接线。原、副方中点用导线相连。

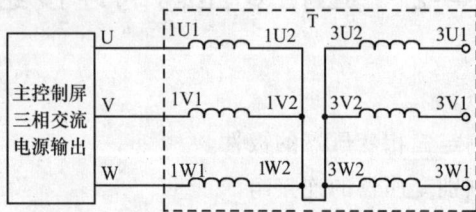

图 4-5 测定原、副方极性接线图

②高压三相绕组施加约 50% 的额定电压,测出电压 $U_{1U1\cdot1U2}$、$U_{1V1\cdot1V2}$、$U_{1W1\cdot1W2}$、$U_{3U1\cdot3U2}$、$U_{3V1\cdot3V2}$、$U_{3W1\cdot3W2}$、$U_{1U1\cdot3U1}$、$U_{1V1\cdot3V1}$、$U_{1W1\cdot3W1}$,若 $U_{1U1\cdot3U1}$ = $U_{1U1\cdot1U2} - U_{3U1\cdot3U2}$,则 U 相高、低压绕组同柱,并且首端 1U1 与 3U1 点为同极性;$U_{1U1\cdot3U1}$ = $U_{1U1\cdot1U2} + U_{3U1\cdot3U2}$,则 1U1 与 3U1 端点为异极性。

③用同样的方法判别出 1V1、1W1 两相原、副方的极性。高低压三相绕组的极性确定后,根据要求连接出不同的连接组。

2.检验连接组

（1）Y,y0

按照图 4-6 所示接线。1U1、3U1 两端点用导线连接，在高压方施加三相对称的额定电压，测出 $U_{1U1 \cdot 1V1}$、$U_{3U1 \cdot 3V1}$、$U_{1V1 \cdot 3V1}$、$U_{1W1 \cdot 3W1}$ 及 $U_{1V1 \cdot 3W1}$，将数据记录于表 4-4 中。

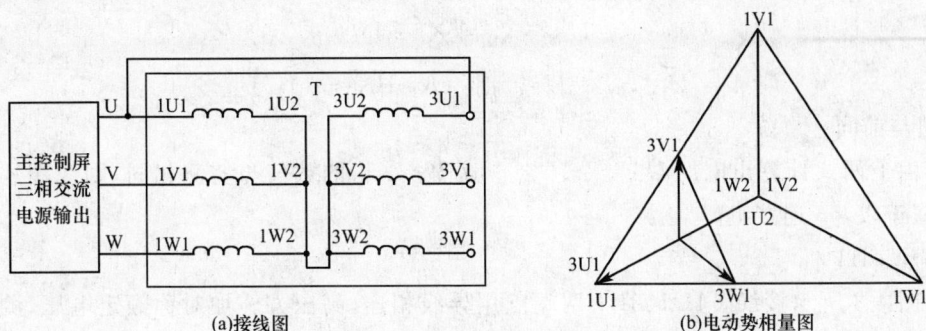

图 4-6　Y,y0 连接组

表 4-4		实验数据		V
$U_{1U1 \cdot 1V1}$	$U_{3U1 \cdot 3V1}$	$U_{1V1 \cdot 3V1}$	$U_{1W1 \cdot 3W1}$	$U_{1V1 \cdot 3W1}$

根据 Y,y0 连接组的电动势相量图可知

$$U_{1V1 \cdot 3V1} = U_{1W1 \cdot 3W1} = (K_L - 1)U_{3U1 \cdot 3V1}$$

$$U_{1V1 \cdot 3W1} = U_{1W1 \cdot 3V1} = \sqrt{(K_L^2 - K_L + 1)U_{3W1 \cdot 3V1}}$$

$$K_L = \frac{U_{1U1 \cdot 1V1}}{U_{3U1 \cdot 3V1}}$$

若用两式计算出的电压 $U_{1V1 \cdot 3V1}$、$U_{1W1 \cdot 3W1}$、$U_{1V1 \cdot 3W1}$、$U_{1W1 \cdot 3W1}$ 的数值与实验测取的数值相同，则表示线图连接正常，属 Y,y0 连接组。

（2）Y,y6

将 Y,y0 连接组的副方绕组首、末端标记对调，1U1、3U2 两点用导线相连，如图 4-7 所示。

按前面方法测出电压 $U_{1U1 \cdot 1V1}$、$U_{3U1 \cdot 3V1}$、$U_{1V1 \cdot 3V1}$、$U_{1W1 \cdot 3W1}$ 及 $U_{1V1 \cdot 3W1}$，将数据记录于表 4-5 中。

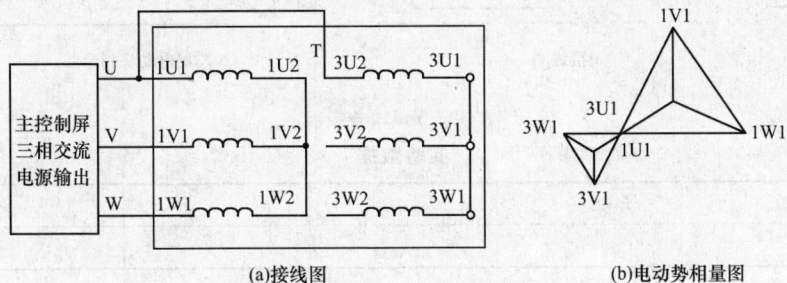

图 4-7　Y,y6 连接组

表 4-5 实验数据 V

$U_{1U1 \cdot 1V1}$	$U_{3U1 \cdot 3V1}$	$U_{1V1 \cdot 3V1}$	$U_{1W1 \cdot 3W1}$	$U_{1V1 \cdot 3W1}$

根据 Y,y6 连接组的电动势相量图可得

$$U_{1V1 \cdot 3V1} = U_{1W1 \cdot 3W1} = (K_L + 1)U_{3U1 \cdot 3V1}$$

$$U_{1V1 \cdot 3W1} = U_{3U1 \cdot 3V1}\sqrt{(K_L^2 + K_L + 1)}$$

K_L 取值与前同。

若由上两式计算出电压 $U_{1V1 \cdot 3V1}$、$U_{1W1 \cdot 3W1}$、$U_{1V1 \cdot 3W1}$ 的数值与实测相同,则线圈连接正确,属于 Y,y6 连接组。

(3)Y,d11

按图 4-8 所示接线。1U1、3U1 两端点用导线相连,高压方施加对称额定电压,测取 $U_{1U1 \cdot 1V1}$、$U_{3U1 \cdot 3V1}$、$U_{1V1 \cdot 3V1}$、$U_{1W1 \cdot 3W1}$ 及 $U_{1V1 \cdot 3W1}$,将数据记录于表 4-6 中。

表 4-6 实验数据 V

$U_{1U1 \cdot 1V1}$	$U_{3U1 \cdot 3V1}$	$U_{1V1 \cdot 3V1}$	$U_{1W1 \cdot 3W1}$	$U_{1V1 \cdot 3W1}$

根据 Y,d11 连接组的电动势相量可得

$$U_{1V1 \cdot 3V1} = U_{1W1 \cdot 3W1} = U_{1V1 \cdot 3W1} = U_{3U1 \cdot 3V1}\sqrt{K_L^2 - \sqrt{3}K_L + 1}$$

若由上式计算出的电压 $U_{1V1 \cdot 3V1}$、$U_{1W1 \cdot 3W1}$、$U_{1V1 \cdot 3W1}$ 的数值与实测值相同,则线圈连接正确,属 Y,d11 连接组。

将 Y,d11 连接组的副方线圈首、末端的标记对调。实验方法同前,测取 $U_{1U1 \cdot 1V1}$、$U_{3U1 \cdot 3V1}$、$U_{1V1 \cdot 3V1}$、$U_{1W1 \cdot 3W1}$、$U_{1V1 \cdot 3W1}$,将数据记录于表 4-7 中。

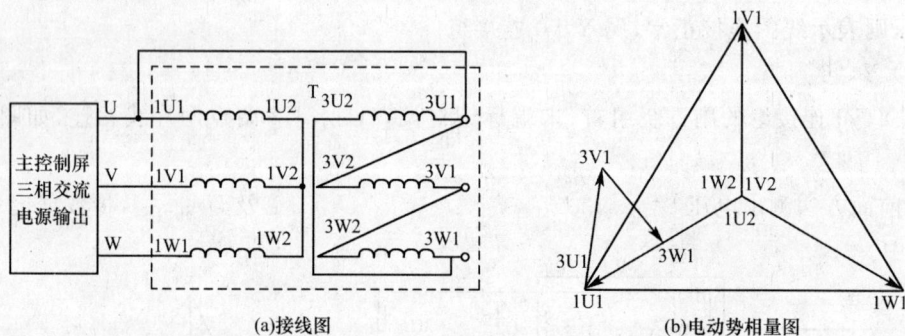

图 4-8 Y,d11 连接组

表 4-7 实验数据 V

$U_{1U1 \cdot 1V1}$	$U_{3U1 \cdot 3V1}$	$U_{1V1 \cdot 3V1}$	$U_{1W1 \cdot 3W1}$	$U_{1V1 \cdot 3W1}$

五、实验要求

1.掌握极性测定的方法。

2.计算出不同连接组时的 $U_{1V1 \cdot 3V1}$、$U_{1W1 \cdot 3W1}$、$U_{1V1 \cdot 3W1}$ 的数值与实测值进行比较,判别绕组连接是否正确。

3.把 Y,d11 改为 Y,d5 连接组。

六、附录

变压器连接组校核公式见表 4-8。

(设:$U_{3U1 \cdot 3V1} = 1$,则 $U_{1U1 \cdot 1V1} = K_L U_{3U1 \cdot 3V1} = K_L$)

表 4-8　　　　　　　　　　　变压器连接组校核公式

组　别	$U_{1V1 \cdot 3V1} = U_{1W1 \cdot 3W1}$	$U_{1V1 \cdot 3W1}$	$U_{1V1 \cdot 3W1}/U_{1V1 \cdot 3V1}$
1	$\sqrt{K_L^2 - \sqrt{3}K_L + 1}$	$\sqrt{K_L^2 + 1}$	>1
2	$\sqrt{K_L^2 - K_L + 1}$	$\sqrt{K_L^2 + K_L + 1}$	>1
3	$\sqrt{K_L^2 + 1}$	$\sqrt{K_L^2 + \sqrt{3}K_L + 1}$	>1
4	$\sqrt{K_L^2 + K + 1}$	$K_L + 1$	>1
5	$\sqrt{K_L^2 + \sqrt{3}K_L + 1}$	$\sqrt{K_L^2 + \sqrt{3}K_L + 1}$	=1
6	$K_L + 1$	$\sqrt{K_L^2 + K_L + 1}$	<1
7	$\sqrt{K_L^2 - \sqrt{3}K_L + 1}$	$\sqrt{K_L^2 + 1}$	<1
8	$\sqrt{K_L^2 + K_L + 1}$	$\sqrt{K_L^2 - K_L + 1}$	<1
9	$\sqrt{K_L^2 + 1}$	$\sqrt{K_L^2 - \sqrt{3}K_L + 1}$	<1
10	$\sqrt{K_L^2 - K_L + 1}$	$K_L - 1$	<1
11	$\sqrt{K_L^2 - \sqrt{3}K_L + 1}$	$\sqrt{K_L^2 - \sqrt{3}K_L + 1}$	=1
12	$K_L - 1$	$\sqrt{K_L^2 - K_L + 1}$	>1

§4-3　单相变压器的并联运行

一、实验目的

1.学习变压器投入并联运行的方法。

2.研究阻抗电压对负载分配的影响。

二、预习要点

1.单相变压器并联运行的条件。

2.如何验证两台变压器具有相同的极性?

3.阻抗电压对负载分配的影响。

三、实验设备

1.电机教学实验台主控制屏;

2.交流电压表、电流表、功率及功率因数表;

3.三相组式变压器;

4.三相可调电阻(90 Ω,NMEL-04);

5.旋转指示灯及开关板(NMEL-05B)。

四、实验内容与步骤

实验线路如图4-9所示。

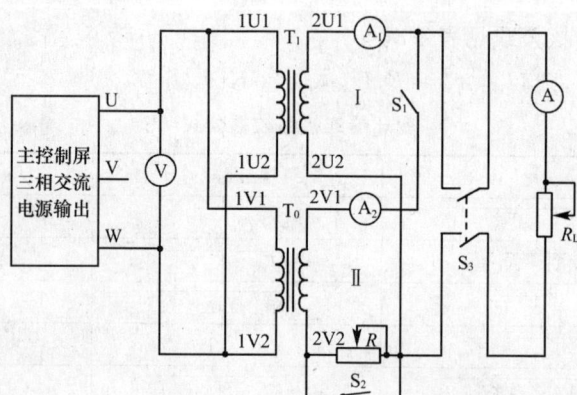

图4-9 单相变压器并联运行接线图

图4-9中单相变压器Ⅰ和Ⅱ选用三相组式变压器中任意两台,变压器的高压绕组并联接电源,低压绕组经开关 S_1 并联后,再由开关 S_3 接负载电阻 R_L。由于负载电流较大,R_L 可采用并串联接法(选用 NMEL-04 的 90 Ω 与 90 Ω 并联再与 180 Ω 串联,共 225 Ω 阻值)的变阻器。为了人为地改变变压器Ⅱ的阻抗电压,在其副方串入电阻 R(选用 NMEL-04 的 90 Ω 与 90 Ω 并联的变阻器)。

1.两台单相变压器空载投入并联运行

(1)检查变压器的变比和极性

①接通电源前,将开关 S_1、S_3 打开,合上开关 S_2。

②接通电源后,调节变压器输入电压至额定值,测出两台变压器副方电压 $U_{2U1 \cdot 2U2}$ 和 $U_{2V1 \cdot 2V2}$,若 $U_{2U1 \cdot 2U2} = U_{2V1 \cdot 2V2}$,则两台变压器的变比相等,即 $K_Ⅰ = K_Ⅱ$。

③测出两台变压器副方的 2U1 与 2V1 端点之间的电压 $U_{2U1 \cdot 2V1}$,若 $U_{2U1 \cdot 2V1} = U_{2U1 \cdot 2U2} - U_{2V1 \cdot 2V2}$,则首端 1U1 与 1V1 为同极性端,反之为异极性端。

(2)投入并联

检查两台变压器的变比相等和极性相同后,合上开关 S_1,即投入并联。若 $K_Ⅰ$ 与 $K_Ⅱ$ 不是严格相等,将会产生环流。

2.阻抗电压相等的两台单相变压器并联运行

①投入并联后,合上负载开关 S_3。

②在保持原方额定电压不变的情况下,逐次增加负载电流,直至其中一台变压器的输出电流达到额定电流为止,测取 I、$I_Ⅰ$、$I_Ⅱ$,共取5~6组数据记录于表4-9中。

表 4-9　　　　　　　　　　　　实验数据　　　　　　　　　　　　A

序号	I_1	I_{II}	I
1			
2			
3			
4			
5			
6			

3.阻抗电压不相等的两台单相变压器并联运行

打开短路开关 S2,变压器 II 的副方串入电阻 R,R 数值可根据需要调节(一般取 5~10 Ω),重复前面实验测出 I、I_1、I_{II},共取 5~6 组数据,记录于表 4-10 中。

表 4-10　　　　　　　　　　　　实验数据　　　　　　　　　　　　A

序号	I_1	I_{II}	I
1			
2			
3			
4			
5			
6			

五、实验要求

1.根据实验 2 的数据,画出负载分配曲线 $I_1 = f(I)$ 及 $I_{II} = f(I)$。

2.根据实验 3 的数据,画出负载分配曲线 $I_1 = f(I)$ 及 $I_{II} = f(I)$。

3.分析实验中阻抗电压对负载分配的影响。

§4-4　三相同步发电机的运行特性

一、实验目的

1.用实验方法测量同步发电机在对称负载下的运行特性。

2.由实验数据计算同步发电机在对称运行时的稳态参数。

二、预习要点

1.同步发电机在对称负载下有哪些基本特性?

2.这些基本特性各在什么情况下测得?

3.怎样用实验数据计算对称运行时的稳态参数?

三、实验设备

1.电机导轨及转速测量(NMEL-13);

2.交流电压表、电流表、功率表、功率因数表；

3.同步电机励磁电源（MMEL-19）；

4.直流电机仪表、电源（MMEL-18）；

5.三相可调电阻器（900 Ω，NMEL-03）；

6.三相可调电阻器（90 Ω，NMEL-04）；

7.旋转指示灯及开关板（NMEL-05B）；

8.三相同步发电机 M08；

9.直流并励电动机 M03。

四、实验内容与步骤

1.测定电枢绕组实际冷态直流电阻

被试发电机采用三相凸极式同步发电机 M08。

记录室温，用伏安法测量数据，记录于表 4-11 中。

表 4-11　　　　　　　　　　实验数据　　　　　　　室温　　　℃

	绕组 Ⅰ	绕组 Ⅱ	绕组 Ⅲ
I/mA			
U/V			
R/Ω			

2.空载试验

按图 4-10 所示接线，直流电动机 M 按他励方式连接，拖动三相同步发电机 G 旋转，发电机的定子绕组为星形接法（$U_N = 220$ V）。

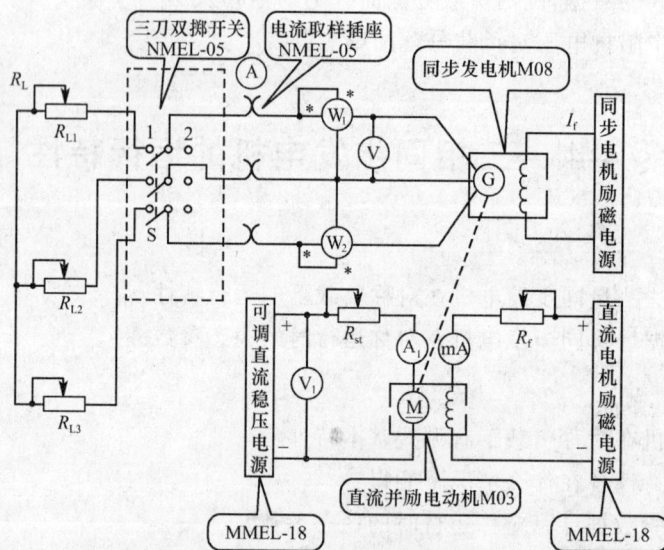

图 4-10　三相同步发电机实验接线图

R_f 用 NMEL-09 中的 3 000 Ω 磁场调节电阻。

R_{st} 采用 NMEL-03 中 90 Ω 与 90 Ω 电阻相串联,共 180 Ω 电阻。

R_L 采用 NMEL-03 中三相可调电阻。

S 采用 NMEL-05B 中的三刀双掷开关。

同步电机励磁电源(MMEL-19)为 0～2.5 A 可调的恒流源,安装在主控制屏的右下部。需注意,切不可将恒流源输出短路。

V_1、mA、A_1 分别为直流电压表、毫安表、安培表。

实验步骤:

(1)合上电源前,同步电机励磁电源调节旋钮逆时针旋到底,直流电机磁场调节电阻 R_f 调至最小,电枢调节电阻 R_{st} 调至最大,开关 S 扳向"2"位置(断开位置)。

(2)依次闭合绿色"闭合"按钮开关、直流电机励磁电源和电枢电源船形开关,启动直流并励电动机 M03。

调节 R_{st} 至最小,并调节可调直流稳压电源(电枢电压)和磁场调节电阻 R_f,使 M03 电机转速达到同步发电机的额定转速 1 500 r/min 并保持恒定。

(3)合上同步电机励磁电源船形开关,调节 M08 电机励磁电流 I_f(注意必须单方向调节),使 I_f 单方向递增至发电机输出电压 $U_0 \approx 1.3U_N$ 为止。在这范围内,读取同步发电机励磁电流 I_f 和相应的空载电压 U_0,测取 7～8 组数据,填入表 4-12 中。

表 4-12　　　　　实验数据　　　　　$n = n_N = 1\,500$ r/min

序　号	1	2	3	4	5	6	7	8
U_0/V								
I_f/A								

(4)减小 M08 电机励磁电流,使 I_f 单方向减至零值为止。读取励磁电流 I_f 和相应的空载电压 U_0,填入表 4-13 中。

表 4-13　　　　　实验数据　　　　　$n = n_N = 1\,500$ r/min,$I = 0$

序　号	1	2	3	4	5	6	7	8
U_0/V								
I_f/A								

实验注意事项:

(1)转速保持 $n = n_N = 1\,500$ r/min 恒定。

(2)在额定电压附近读数相应多些。

实验说明:在用实验方法测定同步发电机的空载特性时,由于转子磁路中剩磁情况的不同,当单方向改变励磁电流 I_f 从零到某一最大值,再反过来由此最大值减小到零时,将得到上升和下降的两条不同曲线,如图 4-11 所示。两条曲线的出现反映了铁磁材料中的磁滞现象。测定参数时使用下降曲线,其最高点取 $U_0 \approx 1.3U_N$。如剩磁电压较高,可延伸曲线的直线部分使与横轴相交,则交点的横坐标绝对值 Δi_{f0} 应作为校正量,在所有试验测得的励磁电流数据上加上此值,即得通过原点之校正曲线,如图 4-12 所示。

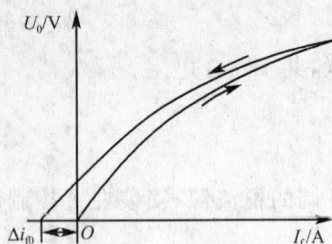

图 4-11 上升和下降两条空载特性

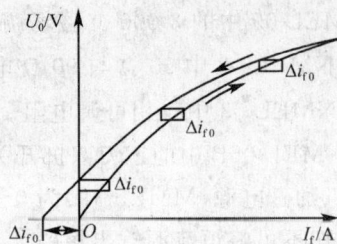

图 4-12 校正过的下降空载特性

3. 三相短路试验

(1)同步电机励磁电流源调节旋钮逆时针旋到底,按空载试验方法调节电机转速为额定转速 1 500 r/min,且保持恒定。

(2)用短接线把发电机输出三端点短接,合上同步电机励磁电源船形开关,调节 M08 电机的励磁电流 I_f,使其定子电流 $I_K=1.2I_N$,读取 M08 电机的励磁电流 I_f 和相应的定子电流值 I_K。

(3)减小发电机的励磁电流 I_f 使定子电流减小,直至励磁电流为零,读取励磁电流 I_f 和相应的定子电流 I_K,共取数据 7~8 组并记录于表 4-14 中。

表 4-14		实验数据		$U=0$ V,$n=n_N=1\ 500$ r/min			
序　号	1	2	3	4	5	6	7	8
I_K/A								
I_f/A								

4. 测同步发电机在纯电阻负载时的外特性

(1)把三相可变电阻器 R_L 调至最大,按空载试验的方法启动直流电动机,并调节其转速为额定转速 1 500 r/min,且保持恒定。

(2)开关 S 合向"1"端,发电机带三相纯电阻负载运行。

(3)合上同步电机励磁电源船形开关,调节发电机励磁电流 I_f 和负载电阻 R_L,使同步发电机的端电压达额定值 220 V,且负载电流亦达额定值。

(4)保持这时的同步发电机励磁电流 I_f 恒定不变,调节负载电阻 R_L,测同步发电机端电压和相应的平衡负载电流,直至负载电流减小到零,测出整条外特性。记录 7~8 组数据于表 4-15 中。

表 4-15		实验数据		$n=n_N=1\ 500$ r/min,$I_f=$　　A,$\cos\varphi=1$			
序　号	1	2	3	4	5	6	7	8
U/V								
I/A								

5. 测同步发电机在纯电阻负载时的调整特性

(1)发电机接入三相负载电阻 R_L(S 合向"1"),并调节 R_L 至最大,按前述方法启动电动机,并调节电机转速为 1 500 r/min,且保持恒定。

(2)合上同步电机励磁电源船形开关,调节同步电机励磁电流 I_f,使发电机端电压达额定值 $U_N=220$ V,且保持恒定。

（3）调节负载电阻 R_L 以改变负载电流，同时保持发电机端电压不变。读取相应的励磁电流 I_f 和负载电流 I，测出整条调整特性。测出 7～8 组数据记录于表 4-16 中。

表 4-16　　　　　　　　　实验数据　　　　　　　$U=U_N=220\ \text{V},\ n=n_N=1\ 500\ \text{r/min}$

序　号	1	2	3	4	5	6	7	8
I/V								
I_f/A								

五、实验要求

1. 根据实验数据绘出同步发电机的空载特性。
2. 根据实验数据绘出同步发电机短路特性。
3. 根据实验数据绘出同步发电机的外特性。
4. 根据实验数据绘出同步发电机的调整特性。
5. 利用空载特性和短路特性确定同步发电机的直轴同步电抗 X_d（不饱和值）。
6. 由外特性试验数据求电压调整率 $\Delta U\%$。

§4-5　三相同步发电机的并联运行

一、实验目的

1. 掌握三相同步发电机投入电网并联运行的条件与操作方法。
2. 掌握三相同步发电机并联运行时有功功率与无功功率的调节方法。

二、预习要点

1. 三相同步发电机投入电网并联运行有哪些条件？不满足这些条件将产生什么后果？如何满足这些条件？
2. 三相同步发电机投入电网并联运行时怎样调节有功功率和无功功率？调节过程又是怎样的？

三、实验设备

1. 电机教学实验台主控制屏；
2. 电机导轨及转速测量（NMEL-13）；
3. 交流电压表、电流表、功率表、功率因数表；
4. 同步电机励磁电源（MMEL-19）；
5. 直流电机仪表、电源（MMEL-18）；
6. 三相可调电阻器（900 Ω，NMEL-03）；
7. 三相可调电阻器（90 Ω，NMEL-04）；
8. 旋转指示灯及开关板（NMEL-05B）；
9. 三相同步发电机 M08；
10. 直流并励电动机 M03。

四、实验内容与步骤

1. 用准同步法将三相同步发电机投入电网并联运行

实验接线如图 4-13 所示。

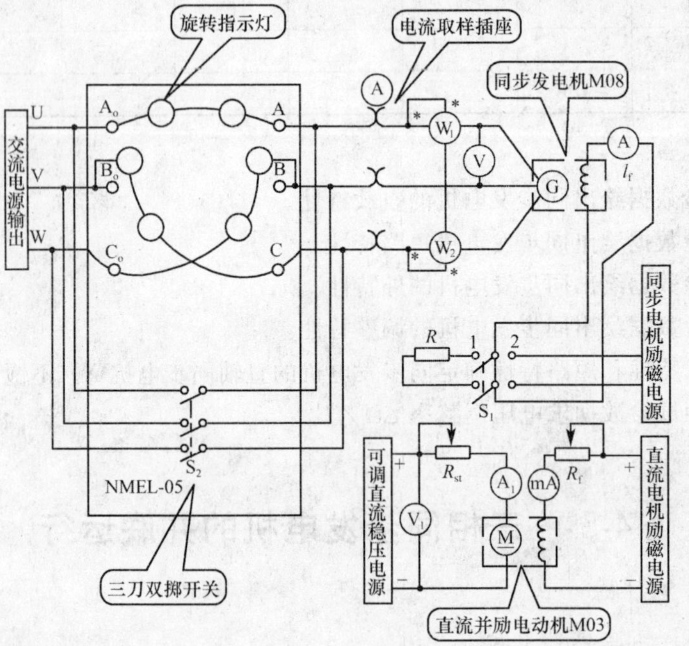

图 4-13　三相同步发电机与电网并联运行实验接线图

三相同步发电机选用 M08。

原动机选用直流并励电动机 M03（作他励接法）。

mA、A_1、V_1 分别选用直流电源（MMEL-18）自带毫安表、电流表、电压表（在主控制屏下部）。

R_{st} 选用 NMEL-04 中的两只 90 Ω 电阻相串联（最大值为 180 Ω）。

R_f 选用 NMEL-03 中两只 900 Ω 电阻相串联（最大值为 1 800 Ω）。

R 选用 NMEL-04 中的 90 Ω 电阻。

开关 S_1、S_2 选用 NMEL-05B。

交流电压表的量程为 300 V，电流表的量程为 1 A，功率表的选择同电压表、电流表。

同步电机励磁电源（MMEL-19）固定在控制屏的右下部。

工作原理：

三相同步发电机与电网并联运行必须满足以下三个条件：

(1)发电机的频率和电网频率要相同，即 $f_{\text{II}} = f_{\text{I}}$；

(2)发电机和电网电压大小、相位要相同，即 $E_{0\text{II}} = U_{\text{I}}$；

(3)发电机和电网的相序要相同。

为了检查这些条件是否满足，可用电压表检查电压，用灯光旋转法或整步表法检查相序和频率。

实验步骤：

(1)三相调压器旋钮逆时针旋到底，开关 S_2 断开，S_1 合向"1"端，确定可调直流稳压电源和直流电机励磁电源船形开关均在断开位置，合上绿色"闭合"按钮开关，调节调压器旋钮，观察 NMCL-002 的指针式电压表，使交流输出电压达到同步发电机额定电压 $U_N =$ 220 V。

(2)直流电动机电枢调节电阻 R_{st} 调至最大，励磁调节电阻 R_f 调至最小，先合上直流电机励磁电源船形开关，再合上可调直流稳压电源船形开关，启动直流电动机 M03，并调节电机转速为 1 500 r/min。

(3)开关 S_1 合向"2"端，接通同步电机励磁电源，调节同步电机励磁电流 I_f，使同步发电机发出额定电压 220 V。

(4)观察三组相灯，若依次明灭形成旋转灯光，则表示发电机和电网相序相同；若三组灯同时发亮、同时熄灭，则表示发电机和电网相序不同。当发电机和电网相序不同，应先停机，调换发电机或三相电源任意两根端线以改变相序后，按前述方法重新启动电动机。

(5)当发电机和电网相序相同时，调节同步发电机励磁电流 I_f，使同步发电机电压和电网电压相同。再细调直流电动机转速，使各相灯光缓慢地轮流旋转发亮。

(6)待 A 相灯熄灭时合上并网开关 S_2，把同步发电机投入电网并联运行。

(7)停机时，应先断开并网开关 S_2，将 R_{st} 调至最大，三相调压器逆时针旋到零位，并先断开电枢电源，后断开直流电机励磁电源。

2.用自同步法将三相同步发电机投入电网并联运行

(1)在并网开关 S_2 断开且相序相同的条件下，把开关 S_1 合向"2"端接至同步电机励磁电源。

(2)按前述方法启动直流电动机，并使直流电动机升速到接近同步转速 (1 475～1 525 r/min)。

(3)启动同步电机励磁电流源，并调节励磁电流 I_f，使发电机电压约等于电网电压 220 V。

(4)将开关 S_1 闭合到"1"端，接入电阻 R(R 为 90 Ω 电阻，约为三相同发电机励磁绕组电阻的 10 倍)。

(5)合上并网开关 S_2，再把开关 S_1 闭合到"2"端，这时发电机利用"自整步作用"使它迅速被牵入同步。

3.三相同步发电机与电网并联运行时有功功率的调节

(1)按上述 1、2 任意一种方法把同步发电机投入电网并联运行。

(2)并网以后，调节直流电动机的励磁电阻 R_f 和同步电机励磁电流 I_f，使同步发电机定子电流接近于零，这时相应的同步发电机励磁电流 $I_f = I_{f0}$。

(3)保持这一励磁电流 I_f 不变，调节直流电动机的励磁调节电阻 R_f，使其阻值增加，这时同步发电机输出功率 P_2 增加。

(4)在同步电机定子电流接近于零到额定电流的范围内读取三相电流、三相功率、功率因数，共取数据 6～7 组记录于表 4-17 中。

表 4-17　　　　　实验数据　　　$U=220\ \text{V(Y)}, I_f=I_{fo}=$ 　　 A

序号	测量值					计算值		
	输出电流 I/A			输出功率 P/W		I /A	P_2 /W	$\cos\varphi$
	I_A	I_B	I_C	P_I	P_II			
1								
2								
3								
4								
5								
6								
7								

注：$I=\dfrac{I_A+I_B+I_C}{3}$，$P_2=P_\text{I}+P_\text{II}$，$\cos\varphi=\dfrac{P_2}{\sqrt{3}UI}$。

4. 三相同步发电机与电网并联运行时无功功率的调节

(1)测取当输出功率等于零时三相同步发电机的 V 形曲线

①按上述 1、2 任意一种方法把同步发电机投入电网并联运行。

②保持同步发电机的输出功率 $P_2\approx0$。

③先调节同步发电机励磁电流 I_f，使 I_f 上升，发电机定子电流随着 I_f 的增加上升到额定电流，并调节 R_st 保持 $P_2\approx0$。记录此点同步发电机励磁电流 I_f、定子电流 I_o。

④减小同步电机励磁电流 I_f，使定子电流 I_o 减小到最小值，记录此点数据。

⑤继续减小同步电机励磁电流，这时定子电流又将增加直至额定电流。

⑥分别在过励和欠励情况下，读取数据 9～10 组记录于表 4-18 中。

表 4-18　　　　　实验数据　　　$n=1\ 500\ \text{r/min}, U=220\ \text{V}, P_2\approx0\ \text{W}$

序号	三相电流 I/A				励磁电流 I_f/A
	I_A	I_B	I_C	I	
1					
2					
3					
4					
5					
6					
7					
8					
9					
10					

注：$I=\dfrac{I_A+I_B+I_C}{3}$。

(2)测取当输出功率等于50%额定功率时三相同步发电机的V形曲线

①按上述1、2任意一种方法把同步发电机投入电网并联运行。

②保持同步发电机的输出功率 P_2 等于50%额定功率。

③先调节同步发电机励磁电流 I_f，使 I_f 上升，发电机定子电流随着 I_f 的增加上升到额定电流。记录此点同步发电机励磁电流 I_f、定子电流 I。

④减小同步电机励磁电流 I_f 使定子电流 I。减小到最小值，记录此点数据。

⑤继续减小同步电机励磁电流，这时定子电流又将增加直至额定电流。

⑥分别在过励和欠励情况下，读取数据9~10组记录于表4-19中。

表 4-19　　　　　　　　实验数据　　　　$n=1\,500$ r/min, $U=220$ V, $P_2\approx 0.5P_N$

序号	测量值				计算值	
	I_A	I_B	I_C	I_f	I	$\cos\varphi$
1						
2						
3						
4						
5						
6						
7						
8						
9						
10						

注： $I=\dfrac{I_A+I_B+I_C}{3}$, $\cos\varphi=\dfrac{P_2}{\sqrt{3}UI}$。

五、实验要求

1.评述准确同步法和自同步法的优缺点。

2.试述并联运行条件不满足时并网将引起什么后果。

3.试述三相同步发电机和电网并联运行时有功功率和无功功率的调节方法。

4.画出 $P_2\approx 0$ 和 $P_2\approx 50\%$ 额定功率时同步发电机的V形曲线，并加以说明。

六、思考题

1.自同步法将三相同步发电机投入电网并联运行时，先把同步发电机的励磁绕组串入10倍励磁绕组电阻值的附加电阻组成回路的作用是什么？

2.自同步法将三相同步发电机投入电网并联运行时，先由原动机把同步发电机带动旋转到接近同步转速(1 475~1 525 r/min)，然后并入电网。若转速太低将产生什么情况？

§4-6 三相同步发电机参数的测定

一、实验目的

掌握三相同步发电机参数的测定方法,进行分析比较,加深理论学习。

二、预习要点

1.同步发电机参数 X_d、X_q、X_d'、X_q'、X_d''、X_q''、X_0、X_2 各代表什么物理意义?对应什么磁路和耦合关系?

2.这些参数的测量有哪些方法?进行分析比较。

3.怎样判定同步电动机定子旋转磁场的旋转方向和转子的方向是同方向还是反方向?

三、实验设备

1.电机教学实验台主控制屏;

2.电机导轨及测功机、转矩转速测量(NMEL-13);

3.三相可变电阻器(90 Ω,NMEL-04);

4.旋转指示灯及开关板(NMEL-05B);

5.交流电压表、电流表;

6.同步电机励磁电源;

7.功率表、功率因数表。

四、实验内容与步骤

1.用转差法测定同步发电机的同步电抗 X_d、X_q

按图 4-14 所示接线。

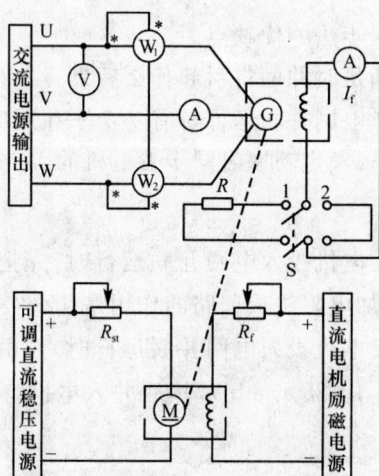

图 4-14 用转差法测同步发电机的同步电抗接线图

同步发电机 M08 定子绕组采用星形接法。

直流并励电动机 M03 按他励电动机方式接线,用作 M08 的原动机。

R_f 选用 NMEL-03 中两只 900 Ω 电阻相串联(最大值为 1 800 Ω)。

R_{st} 选用 NMEL-04 中的两只 90 Ω 电阻相串联(最大值为 180 Ω)。

R 选用 MEL-04 中的 90 Ω 电阻。

开关 S 选用 NMEL-05B。

(1)实验开始前,NMEL-13 中的"转速控制"和"转矩控制"选择开关扳向"转矩控制","转矩设定"旋钮逆时针旋到底。主控制屏三相调压旋钮逆时针旋到底;功率表电流线圈短接,可调直流稳压电源和直流电机励磁电源、同步电机励磁电源处在断开位置,开关 S 合向 R 端。

(2)R_{st} 调至最大,R_f 调至最小,按下绿色"闭合"按钮开关,先接通直流电机励磁电源,再接通电枢电源,启动直流电动机 M03,观察电动机转向。

(3)断开直流电机电枢电源和励磁电源,使直流电机停机。调节三相交流电源输出,给三相同步发电机加一电压,使其作同步电机启动,观察同步电机转向。

(4)若此时同步电机转向与直流电机转向一致,则说明同步电机定子旋转磁场与转子转向一致;若不一致,将三相电源任意两相换接,使定子旋转磁场转向改变。

(5)调节调压器给同步发电机加 5%～15% 的额定电压(电压数值不宜过高,以免磁阻转矩将电机牵入同步;同时也不能太低,以免剩磁引起较大误差)。

(6)调节直流并励电动机 M03 转速,使之升速到接近同步电机额定转速 1 500 r/min,直至同步发电机定子电流表指针缓慢摆动(电流表量程选用 0.25 A 挡),在同一瞬间读取电流周期性摆动的最小值与相应电压最大值,以及电流周期性摆动最大值和相应电压最小值。测此两组数据记录于表 4-20 中。

表 4-20 实验数据

序 号	I_{max}/A	U_{min}/A	X_q/Ω	I_{min}/A	U_{max}/V	X_d/Ω
1						
2						

注:$X_q = U_{min}/(\sqrt{3}I_{max})$,$X_d = U_{max}/(\sqrt{3}I_{min})$。

2. 用反同步旋转法测定同步发电机的负序电抗 X_2 及负序电阻 r_2

(1)在上述实验台的基础上,将同步发电机定子绕组任意两相对换,以改换相序,使同步发电机的定子旋转磁场和转子转向相反。

(2)开关 S 闭合在短接端,调压器旋钮退至零位,功率表处于正常测量状态(拆掉电流线圈的短接线)。

(3)启动直流并励电动机 M03,并使电机转速升至额定转速 1 500 r/min;顺时针缓慢调节调压器旋钮,使三相交流电源逐渐升压直至同步发电机定子电流达 30%～40% 额定电流。读取定子绕组电压、电流和功率记录于表 4-21 中。

表 4-21 实验数据

序 号	I/A	U/V	P_I/W	P_{II}/W	P/W	r_2/Ω	X_2/Ω
1							
2							
3							

注:$P = P_I + P_{II}$;$Z_2 = U/(\sqrt{3}I)$,$r_2 = P/(3I^2)$,$X_2 = \sqrt{Z_2^2 - r_2^2}$。

3.用单相电源测同步发电机的零序电抗 X

(1)按图 4-15 所示接线,将同步发电机的三相定子绕组首尾依次串联,接至单相交流电源 U、N 端上。调压器退至零位,同步发电机励磁绕组短接。

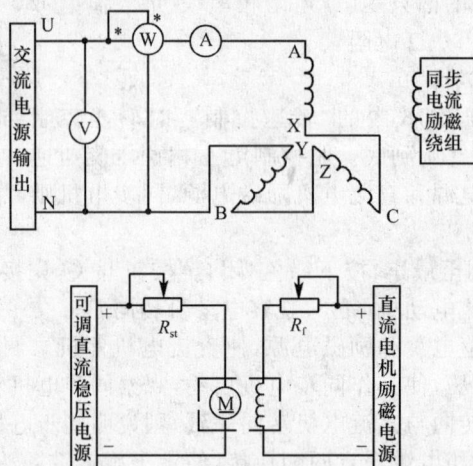

图 4-15 用单相电源测同步发电机的零序电抗接线图

(2)启动直流并励电动机 M03 并使电机转速升至额定转速 1 500 r/min。

(3)接通交流电源并调节调压器,使同步发电机定子绕组电流上升到额定电流值。

(4)测取此时的电压、电流和功率值并记录于表 4-22 中。

表 4-22 实验数据

U/V	I/A	P/W	X_0/Ω

注:$Z_0=U/(\sqrt{3}I)$,$r_0=P/(3I^2)$,$X_0=\sqrt{Z_0^2-r_0^2}$。

4.用静止法测超瞬变电抗 X_d''、X_q'' 或降变电抗 X_d'、X_q'

(1)按图 4-16 所示接线,将同步发电机三相绕组连接成星形,任取二相端点接至单相交流电源 U、N 端上,两只电流表均采用 NMEL-17。

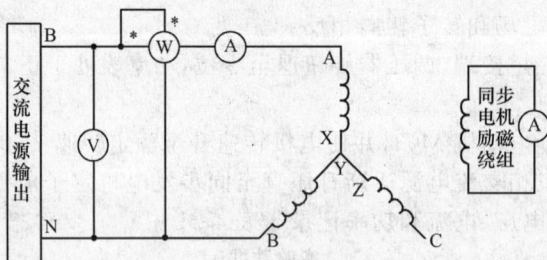

图 4-16 用静止法测瞬变电抗接线图

(2)调压器退到零位,发电机处于静止状态。

(3)接通交流电源并调节调压器逐渐升高输出电压,使同步发电机定子绕组电流接近 $20\%I_N$。

(4)用手慢慢转动同步发电机转子,观察两只电流表读数的变化,仔细调整同步发电机转子的位置使两只电流表读数达最大。读取这位置时的电压、电流、功率值并记录于表4-23中。从这些数据可测定 X_d' 或 X_d''。

表 4-23　　　　　　　　　　　实验数据

U/V	I/A	P/W	$X_\mathrm{d}''(X_\mathrm{d}')/\Omega$

注：$Z_\mathrm{d}''=U/(2I)$，$r_\mathrm{d}''=P/(2I^2)$，$X_\mathrm{d}''=\sqrt{Z_\mathrm{d}''^2-r_\mathrm{d}''^2}$。

(5)使同步发电机转子转过 45°角，在这附近仔细调整同步发电机转子的位置，使两只电流表指示达最小。

(6)读取这位置时的电压 U、电流 I、功率 P 值并记录于表 4-24 中，从这些数据可测定 X_q'' 或 X_q'。

表 4-24　　　　　　　　　　　实验数据

U/V	I/A	P/W	$X_\mathrm{q}''(X_\mathrm{q}')/\Omega$

注：$Z_\mathrm{q}''=U/(2I)$，$r_\mathrm{q}''=P/(2I^2)$，$X_\mathrm{q}''=\sqrt{Z_\mathrm{d}''^2-r_\mathrm{d}''^2}$。

五、实验要求

根据试验数据计算：X_d、X_q、X_2、r_2、X_0、$X_\mathrm{d}'(X_\mathrm{d}'')$、$X_\mathrm{q}'(X_\mathrm{q}'')$。

六、思考题

1. 各电抗参数的物理意义是什么？
2. 各项试验方法的理论根据是什么？

§4-7　异步电动机的 T-S 曲线测绘

一、实验目的

用电机教学实验台的测功机转速闭环功能测绘各种异步电动机的转矩-转差率曲线，并加以比较。

二、预习要点

1. 复习电动机 T-S 特性曲线。
2. T-S 特性的测试方法。

三、实验设备

1. 电机教学实验台主控制屏；
2. 电机导轨及测功机、转矩转速测量(NMEL-13)；
3. 电机启动箱(NMEL-09)；
4. 三相鼠笼式异步电动机 M04；
5. 三相绕线式异步电动机 M09。

四、实验原理

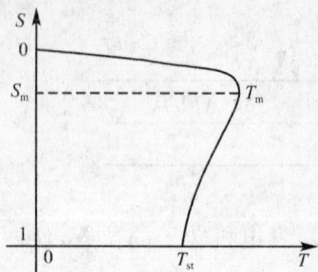

图 4-17　异步电动机的机械特性

异步电动机的机械特性如图 4-17 所示。

在某一转差率 S_m 时,转矩有一最大值 T_m,称为异步电动机的最大转矩,S_m 称为临界转差率。T_m 是异步电动机可能产生的最大转矩;如果负载转矩 $T_Z > T_m$,电动机将承担不了而停转。启动转矩 T_{st} 是异步电动机接至电源开始启动时的电磁转矩,此时 $S = 1(n = 0)$。对于绕线式转子异步电动机,转子绕组串联附加电阻,便能改变 T_{st},从而可改变启动特性。

异步电动机的机械特性可视为两部分组成:当负载功率转矩 $T_Z \leqslant T_N$ 时,机械特性近似为直线,称为机械特性的直线部分,又可称为工作部分,因电动机不论带何种负载均能稳定运行。当 $S \geqslant S_m$ 时,机械特性为一曲线,称为机械特性的曲线部分。对恒转矩负载或恒功率负载而言,因为电动机这一特性段与这类负载转矩特性的配合,使电动机不能稳定运行;而对于通风机负载,在这一特性段上却能稳定工作。

在本实验系统中,通过对电动机的转速进行检测,动态调节施加于电动机的转矩,产生电动机转速下降,转矩随之下降的负载,使电动机稳定地运行了机械特性的曲线部分。通过读取不同转速下的转矩,可描绘出不同电动机的 T-S 曲线。

五、实验内容与步骤

1. 鼠笼式异步电动机的 T-S 曲线测绘

被试电动机为三相鼠笼式异步电动机 M04,Y 接法。

G 为涡流测功机,与 M04 电动机同轴安装。

按图 4-18 所示接线,其中电压表采用指针式或数字式均可,量程选用 300 V 挡,电流表采用数字式,可选 0.75 A 量程挡。

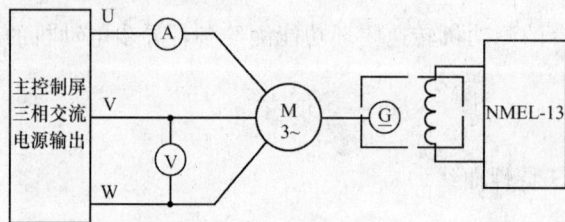

图 4-18　鼠笼式异步电动机的 T-S 测绘接线图

启动电动机前,将三相调压器旋钮逆时针调到底,并将 NMEL-13 中"转矩控制"和"转速控制"选择开关扳向"转速控制",并将"转速设定"调节旋钮顺时针旋到底。

实验步骤:

(1)按下绿色"闭合"按钮开关,调节交流电源输出调节旋钮,使电压输出为 220 V,启动交流电动机。观察电动机的旋转方向,使之符合要求。

（2）逆时针缓慢调节"转速设定"电位器,经过一段时间的延时后,M04电动机的负载将随之增加,其转速下降,继续调节该电位器旋钮,电动机由空载逐渐下降到200 r/min左右(注意:转速低于200 r/min时,有可能造成电动机转速不稳定)。

（3）在空载转速至200 r/min范围内,测取8～9组数据,其中在最大转矩附近多测几组,填入表4-25中。

表 4-25				实验数据			$U_{N}=220$ V,Y 接法		
序号	1	2	3	4	5	6	7	8	9
转速/$(r \cdot min^{-1})$									
转矩/$(N \cdot m)$									

（4）当电动机转速下降到200 r/min时,顺时针回调"转速设定"旋钮,转速开始上升,直到升到空载转速为止,在这范围内,读出8～9组鼠笼式异步电动机的转矩 T、转速 n,填入表4-26中。

表 4-26				实验数据			$U_{N}=220$ V,Y 接法		
序 号	1	2	3	4	5	6	7	8	9
转速/$(r \cdot min^{-1})$									
转矩/$(N \cdot m)$									

2.绕线式异步电动机的 T-S 曲线测绘

被试电动机采用三相绕线式异步电动机 M09,Y接法。

按图 4-19 所示接线,电压表和电流表的选择同前,转子调节电阻采用 NMEL-04 中两只 90 Ω 电阻相并联(最大值为 45 Ω)。NMEL-13 的开关和旋钮的设置同前,调压器退至零位。

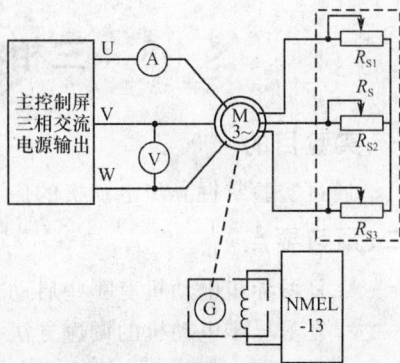

（1）绕线式异步电动机的转子调节电阻调到零(三只旋钮顺时针旋到底),顺时针调节调压器旋钮,使电压升至 180 V,电动机开始启动至空载转速。逆时针调节"转速设定"旋钮,M09 的负载随之增加,电动机转速开始下降,继续逆时针调节该旋钮,电动机转速下降至 100 r/min 左右。在空载转速至 100 r/min 范围时,读取8～9组绕线式异步电动机转矩 T、转速 n,记录于表4-27中。

图 4-19 绕线式异步电动机的 T-S 测绘接线图

表 4-27				实验数据			$U=180$ V,Y 接法,$R_{S}=0$ Ω		
序 号	1	2	3	4	5	6	7	8	9
转速/$(r \cdot min^{-1})$									
转矩/$N \cdot m$									

（2）电动机的转子调节电阻调到 2 Ω(断开电源,用万用表测量,三相需对称),重复以上步骤,记录相关数据于表4-28中。

表 4-28   实验数据 $U=180$ V,Y 接法,$R_s=2$ Ω

序　号	1	2	3	4	5	6	7	8	9
转速/(r·min⁻¹)									
转矩/(N·m)									

(3)电动机的转子调节电阻调到 5 Ω(断开电源,用万用表测量,三相需对称),重复以上步骤,记录相关数据于表 4-29 中。

表 4-29   实验数据 $U=180$ V,Y 接法,$R_s=5$ Ω

序　号	1	2	3	4	5	6	7	8	9
转速/(r·min⁻¹)									
转矩/(N·m)									

换上不同的单相异步电动机,按相同方法测出它们的转矩 T、转速 n。

六、实验要求

1.在方格纸上,逐点绘出各种电动机的转矩、转速,并进行拟合,作出被试电动机的 T-S 曲线。

2.对这些电动机的特性作出比较和评价。

七、思考题

电动机的降速特性和升速特性曲线不重合的原因是什么?

§4-8　三相异步电动机的启动与调速

一、实验目的

通过实验掌握异步电动机的启动和调速的方法。

二、预习要点

1.复习异步电动机有哪些启动方法和启动技术指标。

2.复习异步电动机的调速方法。

三、实验设备

1.电机教学实验台主控制屏;

2.交流电流表;

3.电机导轨及测功机、转矩转速测量(NMEL-13);

4.电机启动箱(NMEL-09);

5.鼠笼式异步电动机 M04;

6.绕线式异步电动机 M09。

四、实验内容与步骤

1.鼠笼式异步电动机直接启动试验

按图 4-20 所示接线,电动机绕组为三角形接法。

启动前,把转矩转速测量实验箱(NMEL-13)中"转矩设定"电位器旋钮逆时针调到底,"转速控制"、"转矩控制"选择开关扳向"转矩控制",检查电机导轨和 NMEL-13 的连接是否良好。

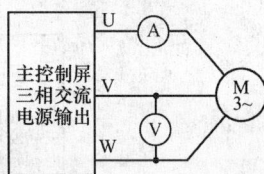

图 4-20　鼠笼式异步电动机直接启动实验接线图

(1)把三相交流电源调节旋钮逆时针调到底,合上绿色"闭合"按钮开关。调节调压器,使输出电压达电动机额定电压 220 V,使电动机启动旋转。(电动机启动后,观察 NMEL-13 中的转速表,如出现电动机转向不符合要求现象,则需切断电源,调整次序,再重新启动电动机。)

(2)断开三相交流电源,待电动机完全停止旋转后,接通三相交流电源,使电动机全压启动,观察电动机启动瞬间电流值。

注:按指针式电流表偏转的最大位置所对应的读数值计量。电流表受启动电流冲击,电流表显示的最大值虽不能完全代表启动电流的读数,但用它可和下面几种启动方法的启动电流作定性地比较。

(3)断开三相交流电源,将调压器退到零位。用起子插入测功机堵转孔中,将测功机定转子堵住。

(4)合上三相交流电源,调节调压器,观察电流表,使电动机电流达 2~3 倍额定电流,读取电压值 U_K、电流值 I_K、转矩值 T_K,填入表 4-30 中。

注意:试验时,通电时间不应超过 10 s,以免绕组过热。

表 4-30　　　　　　　　　实验数据

测量值			计算值	
U_K/V	I_K/A	$T_K/(N \cdot m)$	$T_{st}/(N \cdot m)$	I_{st}/A

对应于额定电压的启动转矩 T_{st} 和启动电流 I_{st} 按下式计算

$$T_{st} = (\frac{I_{st}}{I_K})^2 T_K$$

$$I_{st} = (\frac{U_N}{U_K}) I_K$$

式中　　I_K——启动试验时的电流值,A;

T_K——启动试验时的转矩值,N·m;

U_K——启动试验时的电压值,V;

U_N——电动机额定电压,V。

2.鼠笼式异步电动机星形-三角形(Y-△)启动

按图 4-21 所示接线,电压表、电流表的选择同前,开关 S 选用 NMEL-05B。

(1)启动前,把三相调压器退到零位,三刀双掷开关合向右边(Y 接法)。合上电源开关,逐渐调节调压器,使输出电压升高至电动机额定电压 $U_N=220$ V,断开电源开关,待电动机停转。

(2)待电机完全停转后,合上电源开关,观察启动瞬间的电流,然后把 S 合向左边(△

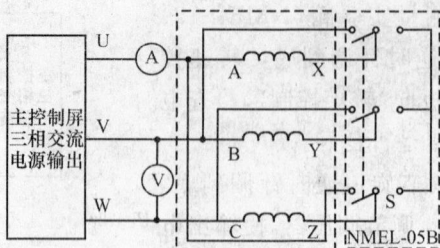

图 4-21　鼠笼式异步电动机星形-三角形启动

接法),电动机进入正常运行,整个启动过程结束。观察启动瞬间电流表的显示值以与其他启动方法作定性比较。

　　3.鼠笼式异步电动机自耦变压器降压启动

　　按图 4-22 所示接线。电动机绕组为三角形接法。

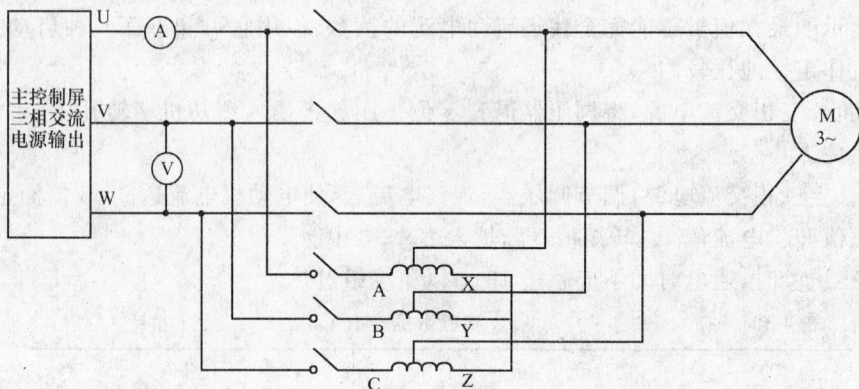

图 4-22　鼠笼式异步电动机自耦变压器降压启动

　　(1)先把调压器退到零位,合上电源开关,调节调压器旋钮,使输出电压达 110 V,断开电源开关,待电动机停转。

　　(2)待电动机完全停转后,再合上电源开关,使电动机由自耦变压器降压启动,观察电流表的瞬间读数值,经一定时间后,调节调压器,使输出电压达电动机额定电压 $U_N=220$ V,整个启动过程结束。

　　4.绕线式异步电动机转绕组串入可变电阻器启动

　　实验线路如图 4-23 所示,电动机为绕组星形接法。转子串入的电阻由刷形开关来调节,调节电阻采用 NMEL-09 的绕线式电动机启动电阻(分 0 Ω、2 Ω、5 Ω、15 Ω、∞五挡),NMEL-13 中"转矩控制"和"转速控制"开关扳向"转速控制","转速设定"电位器旋钮顺时针调节到底。

　　(1)启动电源前,把调压器退至零位,启动电阻调节为零。

　　(2)合上交流电源,调节交流电源使电动机启动。注意电动机转向是否符合要求。

　　(3)在定子电压为 180 V 时,逆时针调节"转速设定"电位器到底,绕线式电动机转动缓慢(只有几十转),读取此时的转矩值 T_{st} 和 I_{st}。

　　(4)用刷形开关切换启动电阻,分别读出启动电阻为 2 Ω、5 Ω、15 Ω 的启动转矩 T_{st} 和

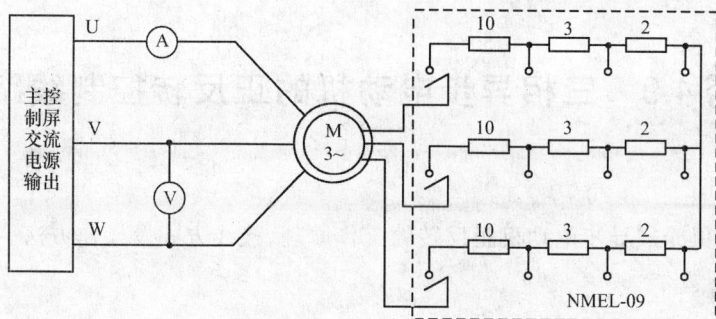

图 4-23　绕线式异步电动机转子绕组串电阻启动实验接线图

启动电流 I_{st}，填入表 4-31 中。

注意：试验时通电时间不应超过 20 s，以免绕组过热。

表 4-31	实验数据			$U=180$ V
R_{st}/Ω	0	2	5	15
$T_{st}/(\text{N}\cdot\text{m})$				
I_{st}/A				

5.绕线式异步电动机绕组串入可变电阻器调速

实验线路同图 4-23。NMEL-13 中"转矩控制"和"转速控制"选择开关扳向"转矩控制"，"转矩设定"电位器逆时针旋到底，"转速设定"电位器顺时针旋到底。NMEL-09"绕线式电动机启动电阻"调节到零。

(1)合上电源开关，调节调压器输出电压至 $U_N=220$ V，使电动机空载启动。

(2)调节"转矩设定"电位器调节旋钮，使电动机输出功率接近额定功率并保持输出转矩 T_2 不变，改变转子附加电阻，分别测出对应的转速，记录于表 4-32 中。

表 4-32	实验数据	$U=220$ V, $T_2=$		N·m
R_{st}/Ω	0	2	5	15
$n/(\text{r}\cdot\text{min}^{-1})$				

五、实验要求

1.比较异步电动机不同启动方法的优缺点。

2.由启动试验数据求下述三种情况下的启动电流和启动转矩：

(1)外施额定电压 U_N。（直接法启动）

(2)外施电压为 $U_N/\sqrt{3}$。（星形-三角形启动）

(3)外施电压为 U_K/K_A（K_A 为启动用自耦变压器的变比）。（自耦变压器启动）

3.绕线式异步电动机转子绕组串入电阻对启动电流和启动转矩的影响。

4.绕线式异步电动机转子绕组串入电阻对电动机转速的影响。

六、思考题

1.启动电流和外施电压成正比，启动转矩和外施电压的平方成正比在什么情况下才能成立？

2.启动时的实际情况和上述假定是否相符？不相符的主要因素是什么？

§4-9 三相异步电动机的正反转控制线路

一、实验目的

掌握三相鼠笼式异步电动机正反转的工作原理、接线方式及操作方法。

二、实验设备

1. 电动机教学实验台主控制屏；

2. 三相鼠笼式异步电动机 M04；

3. 旋转指示灯及开关板（NMEL-05B）。

三、实验原理

生产过程中，生产机械的运动部件往往要求能进行正反方向的运动，即拖动电动机能作正反向旋转。由电动机原理可知，将接至电动机的三相电源进线中的任意两相对调，即可改变电动机的旋转方向。

如图 4-24 所示（电动机为 Y 接法），启动时，合上漏电保护断路器引入三相电源。按下启动主电源按钮，开关 S 合向左侧时，电动机正转；当开关 S 合向右侧时，电动机反转运行。如需要电动机停止运行，按下主控制屏开关即可。

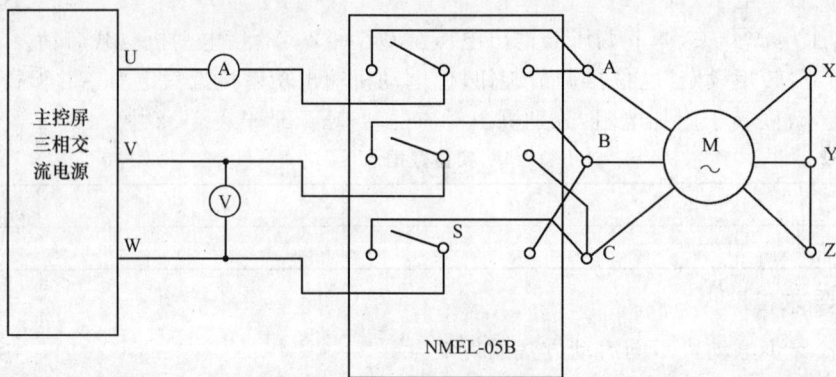

图 4-24　交流电动机正反转接线图

四、实验内容与步骤

三相异步电动机正反转控制。

1. 检查各实验设备外观及质量是否良好。

2. 按图 4-24 所示接线，自己检查无误并经指导老师检查认可方可合闸实验。

五、思考题

若在实验中发生故障，分析故障原因。

§4-10　直流并励电动机

一、实验目的

1. 掌握用实验方法测取直流并励电动机的工作特性和机械特性。
2. 掌握直流并励电动机的调速方法。

二、预习要点

1. 什么是直流并励电动机的工作特性和机械特性?
2. 直流并励电动机调速原理是什么?

三、实验设备

1. 电机教学实验台主控制屏;
2. 电机导轨及涡流测功机、转矩转速测量(NMEL-13);
3. 可调直流稳压电源(含直流电压、电流、毫安表);
4. 直流电压表、毫安表、安培表(NMEL-06);
5. 直流并励电动机;
6. 旋转指示灯及开关板(NMEL-05B);
7. 三相可调电阻(900 Ω,NMEL-03);
8. 电机启动箱(NMEL-09)。

四、实验内容与步骤

1. 直流并励电动机的工作特性和机械特性

实验线路如图 4-25 所示。

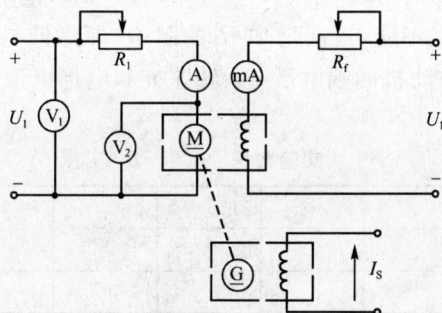

图 4-25　直流并励电动机接线图

U_1 为可调直流稳压电源。

R_1、R_f 分别为电枢调节电阻和磁场调节电阻(NMEL-09)。

mA、A、V_2 分别为直流毫安表、电流表、电压表(NMEL-06)。

G 为涡流测功机。

I_S 为涡流测功机励磁调节电流(NMEL-13)。

（1）将 R_1 调至最大，R_f 调至最小，毫安表量程为 200 mA 挡，电流表量程为 2 A 挡，电压表量程为 300 V 挡，检查涡流测功机与 NMEL-13 是否相连，将 NMEL-13"转速控制"和"转矩控制"选择开关板向"转矩控制"，"转矩设定"电位器逆时针旋到底，打开船形开关，启动直流电源，使电动机旋转，并调整电动机的旋转方向，使电动机正转。

（3）直流并励电动机正常启动后，将电枢调节电阻 R_1 调至零，调节可调直流稳压电源的输出至 220 V，再分别调节磁场调节电阻 R_f 和"转矩设定"电位器，使电动机达到额定值：$U=U_N=220$ V，$I_a=I_N$，$n=n_N=1\ 600$ r/min，此时直流并励电动机的励磁电流 $I_f=I_{fN}$（额定励磁电流）。

（3）保持 $U=U_N$，$I_f=I_{fN}$ 不变的条件下，逐次减小电动机的负载，即逆时针调节"转矩设定"电位器，测取电动机电枢电流 I_a、转速 n 和转矩 T_2，共取 7～8 组数据，填入表 4-33 中。

表 4-33 　　　　　　　　　实验数据　　　　　$U=U_N=220$ V，$I_f=I_{fN}=$ 　　 A，$K_a=$ 　　 Ω

实验数据	I_a/A								
	$n/(r \cdot min^{-1})$								
	$T_2/(N \cdot m)$								
计算数据	P_2/W								
	P_1/W								
	$\eta/\%$								
	$\Delta n/\%$								

2. 调速特性

（1）改变电枢端电压的调速

①按上述方法启动直流并励电动机后，将电阻 R_1 调至零，并同时调节负载、电枢电压和磁场调节电阻 R_f，使电动机的 $U=U_N$，$I_a=0.5I_N$，$I_f=I_{fN}$，记录此时的 T_2 值。

②保持 T_2 不变，$I_f=I_{fN}$ 不变，逐次增加 R_1 的阻值，即降低电枢两端的电压 U_a，R_1 从零调至最大值，每次测取电动机的端电压 U_a、转速 n 和电枢电流 I_a，共取 7～8 组数据，填入表 4-34 中。

表 4-34 　　　　　　　　　实验数据　　　　　$I_f=I_{fN}=$ 　　 A，$T_2=$ 　　 N·m

U_a/V								
$n/(r \cdot min^{-1})$								
I_a/A								

（2）改变励磁电流的调速

①直流并励电动机启动后，将电枢调节电阻 R_1 和磁场调节电阻 R_f 调至零，调节可调直流稳压电源的输出为 220 V，调节"转矩设定"电位器，使电动机的 $U=U_N$，$I_a=0.5I_N$，记录此时的 T_2 值。

②保持 T_2 和 $U=U_N$ 不变，逐次增加磁场调节电阻 R_f 阻值，直至 $n=1.3n_N$，测取电动机的 n、I_f 和 I_a，共取 7～8 组数据，填入表 4-35 中。

表 4-35	实验数据			$U=U_N=220$ V,$T_2=$　　N·m				
$n/(\text{r}\cdot\text{min}^{-1})$								
I_f/A								
I_a/A								

（3）能耗制动

按图 4-26 所示接线。

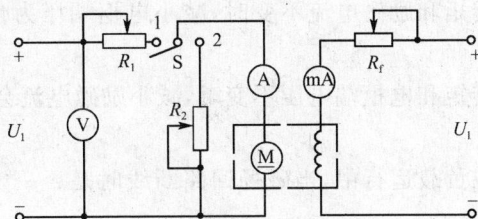

图 4-26　直流并励电动机能耗制动接线图

U_1 为可调直流稳压电源。

R_1、R_f 分别为电枢调节电阻和磁场调节电阻（NMEL-09）。

S 为双刀双掷开关（NMEL-05B）。

①将开关 S 合向"1"端，R_1 调至最大，R_f 调至最小，启动直流并励电动机。

②运行正常后，从电动机电枢的一端拨出一根导线，使电枢开路，电动机处于自由停机，记录停机时间。

③重复启动电动机，待运转正常后，把 S 合向"2"端记录停机时间。

④选择不同 R_L 阻值，观察其对停机时间的影响。

五、实验要求

1.由表 4-33 计算出 P_2 和 η，并绘出 n、T_2、$\eta=f(I_a)$ 及 $n=f(T_2)$ 的特性曲线。

电动机输出功率

$$P_2=0.105nT_2$$

式中，输出转矩 T_2 的单位为 N·m，转速 n 的单位为 r/min。

电动机输入功率

$$P_1=UI$$

电动机效率

$$\eta=\frac{P_2}{P_1}\times100\%$$

电动机输入电流

$$I=I_a+I_{fN}$$

由工作特性求出转速变化率

$$\Delta n=\frac{n_0-n_N}{n_N}\times100\%$$

2.绘出直流并励电动机调速特性曲线 $n=f(U_a)$ 和 $n=f(I_f)$。分析在恒转矩负载时两种调速的电枢电流变化规律以及两种调速方法的优缺点。

3.能耗制动时间与制动电阻 R_L 的阻值有什么关系？为什么？该制动方法有什么缺点？

六、思考题

1.直流并励电动机的速率特性 $n=f(I_a)$ 为什么是略微下降？是否会出现上翘现象？为什么？上翘的速率特性对电动机运行有何影响？

2.当电动机的负载转矩和励磁电流不变时,减小电枢端压为什么会引起电动机转速降低？

3.当电动机的负载转矩和电枢端电压不变时,减小励磁电流会引起转速的升高,为什么？

4.直流并励电动机在负载运行中,当磁场回路断线时是否一定会出现"飞速"？为什么？

第五篇

仪表及照明电路实训指导

§5-1 一个开关控制一盏灯

一、实训目的

1. 了解白炽灯的工作原理。
2. 掌握单联开关的接线方式。

二、实训设备

1. QSWD5-YZ1 实训台,1 台;
2. QSWD-801A 挂箱,1 个;
3. QSWD-802A 挂箱,1 个;
4. 万用表、剥线钳、螺丝刀、尖嘴钳,各 1 个;
5. 导线若干。

三、实训原理

白炽灯是目前最常用的一种电光源,主要由玻璃外壳、灯丝(钨丝)和灯头三部分组成。当电流通过灯丝时,灯丝被加热到白炽状态而发光。一般功率在 40 W 以下的白炽灯在制作时通常是将玻璃壳抽成真空,而功率为 40 W 或超过 40 W 的白炽灯则是在玻璃壳内充有氩气或氮气等惰性气体,使钨不易挥发。

控制白炽灯的开关常用的有单联开关和双联开关。

图 5-1 所示为白炽灯控制接线电路。

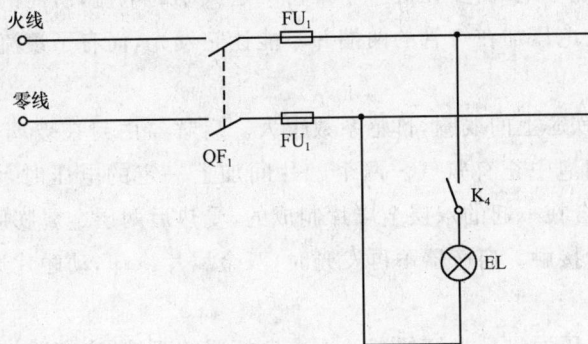

图 5-1 白炽灯控制接线电路

四、实训内容与步骤

白炽灯接线控制实训。

1.检查各实训设备外观及质量是否良好。

2.按图 5-1 所示进行正确接线,自己检查无误并经指导老师检查认可方可合闸实训。

(1)合上漏电保护断路器 QF_1,观察白炽灯的工作情况。

(2)按下开关 K_1,观察白炽灯的工作情况。

(3)断开漏电保护断路器 QF_1,关闭总电源。

§5-2　日光灯线路的接线

一、实训目的

1.了解日光灯的原理。

2.掌握镇流器和启辉器的工作原理。

二、实训设备

1.QSWD5-YZ1 实训台,1 台;

2.QSWD-801A 挂箱,1 个;

3.QSWD-802A 挂箱,1 个;

4.万用表、剥线钳、螺丝刀、尖嘴钳,各 1 个;

5.导线若干。

三、实训原理

日光灯主要由灯管、镇流器和启辉器组成。灯管的两端各有一个灯丝,管中充有稀薄的氩和微量水银蒸气,管壁上涂着荧光粉。日光灯灯管的工作原理和白炽灯不同,两个灯丝之间的气体在导电时主要发出紫外线,荧光粉受到紫外线的照射才发出可见光。荧光粉的种类不同,发光的颜色也不一样。气体的导电有一个特点:只有当灯管两端的电压达到一定值时气体才能导电,而要在灯管中维持一定大小的电流,所需的电压却低得多。因此,如果把 220 V 的电压加在灯管的两端并不能让它发光,而有了镇流器和启辉器就能解决这个问题。

镇流器是绕在铁芯上的线圈,自感系数很大。启辉器由封在玻璃泡中的静触片和 U 形动触片组成,玻璃泡中充有氖气。两个触片间加上一定的电压时,氖气导电,发光、发热。动触片是用黏合在一起的双层金属片制成的,受热后两层金属膨胀不同,动触片稍稍伸开一些,和静触片接触。启辉器不再发光时,双金属片冷却,动触片形状复原,两个触点重新分开。

闭合开关后,电压通过日光灯的灯丝加在启辉器的两端,启辉器如上所述发热—触点接触—冷却—触点断开。在触点断开的瞬间,镇流器中的电流急剧减小,产生很高的感应电动势。感应电动势和电源电压叠加起来加在灯管两端的灯丝上,使其发光。实际使用的启辉器中常有一个电容器并联在氖泡的两端,它能使两个触片在分离时不产生火花,以免烧坏触点,同时还能减轻对附近无线电设备的干扰。没有电容器时,启辉器也能工作。

家里照明用的电源是交流电,它的大小和方向都在不停地变化。镇流器中的自感电动势阻碍电流的变化,使得流过灯管的电流不致过大。

图 5-2 所示是日光灯控制接线电路。

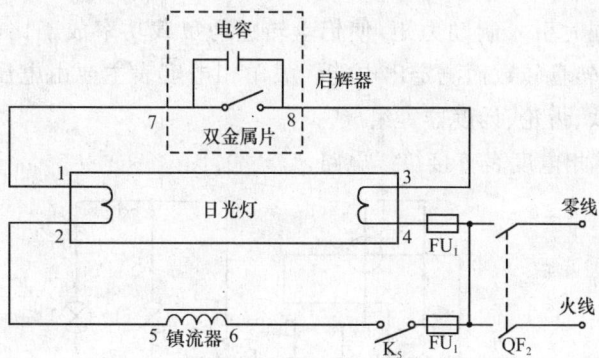

图 5-2　日光灯控制接线电路

四、实训内容与步骤

日光灯接线实训。

1.检查各实训设备外观及质量是否良好。

2.按图 5-2 所示进行正确接线,自己检查无误并经指导老师检查认可方可合闸实训。

(1)合上漏电保护断路器 QF_1 和空气开关 QF_2,引入单相电源。

(2)合上开关 K_5,观察日光灯及启辉器的工作情况。

(3)断开空气开关 QF_2,切断电源。

(4)断开漏电保护断路器 QF_1,关闭总电源。

注:QF_1 接在 QF_2 之前,为简便起见,本实训图中省略了 QF_1(以后类同)。

五、思考题

若实训过程中发生故障,画出故障线路,分析故障原因。

§5-3　单相电度表直接接线电路

一、实训目的

1.了解单相电度表的工作原理。

2.掌握单相电度表的接线方式。

二、实训设备

1.QSWD5-YZ1 实训台,1 台;

2. QSWD-801A 挂箱,1个;

3. QSWD-802A 挂箱,1个;

4. 万用表、剥线钳、螺丝刀、尖嘴钳,各1个;

5. 导线若干。

三、实训原理

单相电度表是利用电压和电流线圈在铝盘上产生的涡流与交变磁通相互作用产生电磁力,使铝盘转动,同时引入制动力矩,使铝盘转速与负载功率成正比,通过轴向齿轮传动,由计度器计算出转盘转数而测定出电能。故单相电度表主要由电压线圈、电流线圈、转盘、转轴、制动磁铁、齿轮、计度器等组成。

图 5-3 所示是单相电度表直接接线电路。

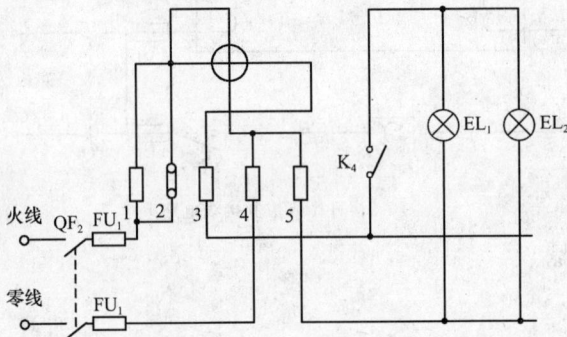

图 5-3　单相电度表直接接线电路

四、实训内容与步骤

单相电度表直接接线实训。

1. 检查各实训设备外观及质量是否良好。

2. 按图 5-3 所示进行正确接线,自己检查无误并经指导老师检查认可方可合闸实训。

(1)合上漏电保护断路器 QF₁ 和空气开关 QF₂,引入单相电源。

(2)合上开关 K₄,观察电度表的工作情况,并记录电度表转一圈所需时间。根据电度表的参数计算出负载所消耗的功率。

(3)断开空气开关 QF₂,切断单相电源。

(4)断开漏电保护断路器 QF₁,关闭总电源。

五、思考题

若实训过程中火线和零线接反,会出现什么情况? 分析其原因。

§5-4　电压表、电流表接线电路

一、实训目的

1. 了解电压表、电流表的相关知识。

2.掌握电压表、电流表的接线方式。

二、实训设备

1. QSWD5-YZ1 实训台,1 台;

2. QSWD-801A 挂箱,1 个;

3. QSWD-802A 挂箱,1 个;

4. QSWD-803A 挂箱,1 个;

5. QSWD-804A 挂箱,1 个;

6.万用表、剥线钳、螺丝刀、尖嘴钳,各 1 个;

7.导线若干。

三、实训原理

电压表、电流表主要用来测量电路中的电压和电流。在使用电流表之前,要对其进行机械调零,并使其串联于电路中。使用直流电流表时,除了使电流表与被测电路串联外,还要使电流从"＋"端流入,"－"端流出。使用电压表时,其并联于被测电路的两端。使用直流电压表时,除了使电压表与被测电路两端并联外,还应使电压表的"＋"极与被测电路的高电位端相连,"－"极与被测电路的低电位端相连。(本项实训所使用的均为交流电压表与交流电流表。)

图 5-4 所示是电压表、电流表的接线电路。

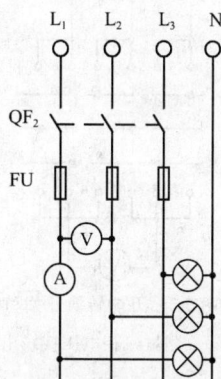

图 5-4　电压表、电流表的接线电路

四、实训内容与步骤

交流电压表与交流电流表的接线电路实训。

1.检查各实训设备外观及质量是否良好。

2.按图 5-4 所示进行正确接线,自己检查无误并经指导老师检查认可方可合闸实训。

(1)合上漏电保护断路器 QF_1 和空气开关 QF_2,引入三相电源。

(2)观察电压表、电流表的工作情况。

(3)断开空气开关 QF_2,切断电源。

(4)断开漏电保护断路器 QF_1,关闭总电源。

§5-5　万能转换开关和电压表测量三相电压接线

一、实训目的

1.了解万能转换开关和电压表的相关知识。

2.掌握万能转换开关和电压表的接线方式。

二、实训设备

1. QSWD5-YZ1 实训台,1 台;

2. QSWD-801A 挂箱,1 个;

3. QSWD-802A 挂箱,1 个;

4. QSWD-804A 挂箱,1 个;

5. 万用表、剥线钳、螺丝刀、尖嘴钳,各 1 个;

6. 导线若干。

三、实训原理

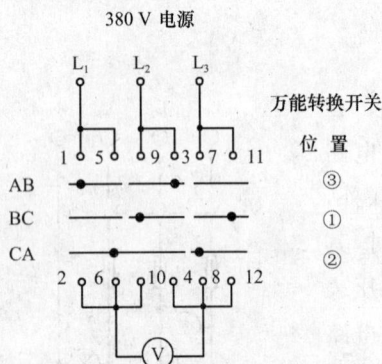

图 5-5 万能转换开关和电压表
测量三相电压接线电路

万能转换开关是一种多挡位、控制多回路的组合开关,用于控制电路发布控制指令或用于远距离控制,也可作为电压表、电流表的换相开关或作为小容量电动机的启动、调速或换相控制。

图 5-5 所示是万能转换开关和电压表测量三相电压接线电路。

四、实训内容与步骤

万能转换开关和电压表测量三相电压接线电路实训。

1. 检查各实训设备外观及质量是否良好。

2. 按图 5-5 所示进行正确接线,自己检查无误并经指导老师检查认可方可合闸实训。

(1)合上漏电保护断路器 QF_1 和空气开关 QF_2,引入三相电源。

(2)观察电压表的工作情况。

(3)切换万能转换开关 SA_2,观察电压表的变换情况。

(4)断开空气开关 QF_2,切断电源。

(5)断开漏电保护断路器 QF_1,关闭总电源。

§5-6 一只电流互感器用于单相回路的控制线路

一、实训目的

1. 了解电流互感器和电流表的相关知识。

2. 掌握一只电流互感器和一只电流表的接线方式。

二、实训设备

1. QSWD5-YZ1 实训台,1 台;

2. QSWD-801A 挂箱,1 个;

3. QSWD-802A 挂箱,1 个;

4. QSWD-803A 挂箱,1 个;

5. QSWD-804A 挂箱,1 个;

6. 万用表、剥线钳、螺丝刀、尖嘴钳,各 1 个;

7. 导线若干。

三、实训原理

互感器的作用是将交流高电压转换成交流低电压或是将交流大电流转换成小电流,供测量仪表及继电器使用。测量高压时,应用电压互感器与电压表配合测量;测量交流电路中的大电流时,常用电流互感器与电流表配合使用。互感器种类包括变换交流电压的电压互感器和变换交流电流的电流互感器。使用中,互感器二次侧绕组必须可靠接地,并且运行中电流互感器二次侧不允许开路,电压互感器二次侧不允许短路。

图 5-6 所示是一只电流互感器用于单向回路的控制电路接线电路。

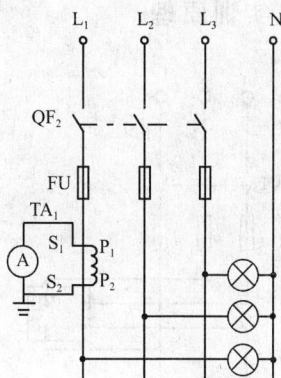
图 5-6　一只电流互感器用于单向回路的控制电路接线电路

四、实训内容与步骤

电流互感器和电流表接线电路实训。

1. 检查各实训设备外观及质量是否良好。

2. 按图 5-6 所示进行正确接线,尤其注意使互感器二次侧绕组可靠接地,自己检查无误并经指导老师检查认可方可合闸实训。

(1)合上漏电保护断路器 QF₁ 和空气开关 QF₂,引入三相电源。

(2)观察电流表的工作情况。

(3)断开空气开关 QF₂,切断电源。

(4)断开漏电保护断路器 QF₁,关闭总电源。

§5-7　三相功率因数表的测量电路

一、实训目的

1. 了解三相功率因数表的相关知识。

2. 掌握三相功率因数表的接线方式。

二、实训设备

1. QSWD5-YZ1 实训台,1 台;

2. QSWD-801A 挂箱,1 个;

3. QSWD-802A 挂箱,1 个;

4. QSWD-804A 挂箱,1 个;

5. 小功率三相异步电动机,1 个;

6. 万用表、剥线钳、螺丝刀、尖嘴钳,各 1 个;

7. 导线若干。

三、实训原理

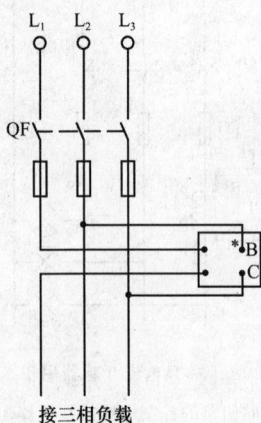

图 5-7　三相功率因数表的接线电路

在交流电路中,电压与电流之间的相位差(φ)的余弦叫做功率因数,用符号 $\cos\varphi$ 表示。在数值上,功率因数是有功功率和视在功率的比值,即 $\cos\varphi = P/S$。

功率因数的大小与电路的负荷性质有关,如白炽灯泡、电阻炉等电阻负荷的功率因数约为 1,一般具有电感或电容性负载的电路功率因数都小于 1。功率因数是电力系统的一个重要的技术数据。功率因数低,说明电路用于交变磁场转换的无功功率大,从而降低了设备的利用率,增加了线路损耗。所以,供电部门对用电单位的功率因数是有一定的要求的。

图 5-7 所示为三相功率因数表的接线电路。

四、实训内容与步骤

三相功率因数表接线电路实训。

1. 检查各实训设备外观及质量是否良好。

2. 按图 5-7 所示进行正确接线,自己检查无误并经指导老师检查认可方可合闸实训。

(1)合上漏电保护断路器 QF_1 和空气开关 QF_2,引入三相电源。

(2)观察三相功率因数表指示值(小功率空载电机的功率因数通常很低,为 0.2~0.3)。

(3)断开空气开关 QF_2,切断电机电源。

(4)断开漏电保护断路器 QF_1,关闭总电源。

§5-8　三相三线有功电度表的接线电路

一、实训目的

1. 了解三相三线有功电度表的工作原理。

2. 掌握三相三线有功电度表的接线方式。

二、实训设备

1. QSWD5-YZ1 实训台,1 台;

2. QSWD-801A 挂箱,1 个;

3. QSWD-802A 挂箱,1 个;

4. 小功率三相异步电动机,1 个;

5. 万用表、剥线钳、螺丝刀、尖嘴钳,各 1 个;

6. 黄、绿、红等各色导线若干。

三、实训原理

三相三线有功电度表的工作原理与单相电度表完全相同,只是在结构上采用多组驱动部件和固定在转轴上的多个铝盘的方式,以实现对三相电能的测量。

图 5-8 所示是三相三线有功电度表直接接线电路。

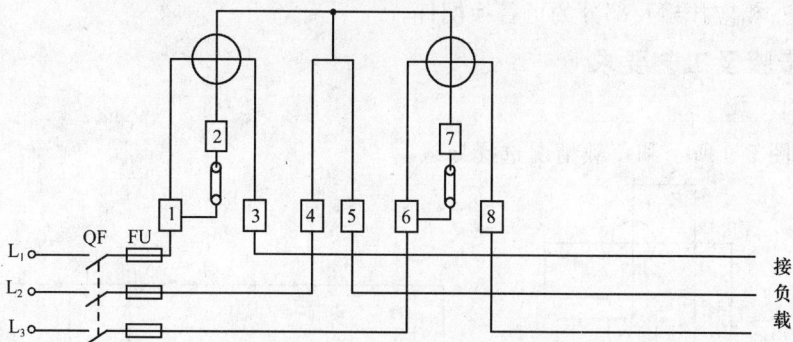

图 5-8　三相三线有功电度表直接接线电路

四、实训内容与步骤

三相三线有功电度表直接接线实训。

1. 检查各实训设备外观及质量是否良好。

2. 按图 5-8 所示进行正确接线(注意三相引出线尽量规范,使用不同颜色的导线),自己检查无误并经指导老师检查认可方可合闸实训。

(1)合上漏电保护断路器 QF_1 和空气开关 QF_2,引入三相电源。

(2)接上负载,观察电度表的工作情况。并记录电度表转一圈所需时间。根据电度表的参数计算出负载所消耗的功率。

(3)断开空气开关 QF_2,切断电机电源。

(4)断开漏电保护断路器 QF_1,关闭总电源。

五、思考题

若实训过程中,三相三线有功电度表电路中遇到某相断相故障,会出现什么情况?分析其原因。

§5-9 综合实训 单相仪表及照明线路安装

一、实训目的

通过本综合实训项目,使学生掌握室内照明、低压电路配线及安装方面的一些必备知识,并掌握电工操作中相关的安全生产知识,提高安全意识,同时熟悉常用检修工具的特性和使用方法。

二、实训设备

1.工具:电工钳、剥线钳、尖嘴钳、剪刀、一字螺丝刀、十字螺丝刀、万用表;

2.材料:聚氯乙烯绝缘导线;

3.设备:相应挂箱及部分的可替换配件。

三、实训步骤及工艺要求

1.实训步骤

(1)按图 5-9 所示和负载情况选择导线。

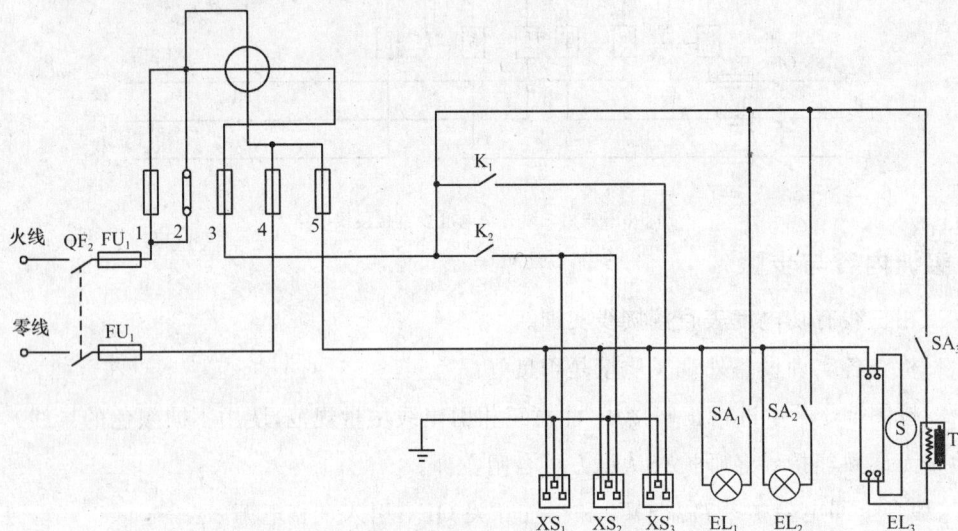

图 5-9 室内照明设备原理接线图

(2)在指定的位置上配线,并安装附件。

(3)接灯及相应器件。

(4)通电实训。

2.工艺要求

(1)排布导线要注意粗细与颜色的选择,尤其导线颜色应符合零、火、地线要求,并分别对应零、火、地线,导线截面根据负荷性质确定,应满足负荷要求。

(2)开关、灯具及相应器件的安装位置合理、整齐、牢固,并保持完好无损。

(3)导线与电气元件连接紧固,接触良好,不损伤线芯,顺时针绕向,接(分)线盒内导线连接方法正确,缠绕紧密,开关控制火线,灯头、插座、火、零、地线位置接线正确。

（4）通电前后的接线与拆线顺序规范、正确。实训前各开关都要在关闭状态，通电时应先合上电源侧开关，再合上负载侧开关；断电与通电顺序相反。

（5）工作中不掉落元件，操作结束做现场清理，工具、材料齐全，摆放整齐，无人身不安全现象发生，从各个环节来培养自己的安全意识。

四、实训注意事项

1．操作时应注意人身安全。

2．正确使用工具，避免损坏各元器件或因工具使用不当而伤害自己及他人。

3．通电实训用的电源应可靠地保护，以防因操作不规范或不正确造成人身触电。

§5-10　综合实训　三相典型电路安装

一、实训目的

本项目属于三相典型电路的安装和接线训练，主要是使学生进一步熟悉电工操作中的相关工艺与安全生产的要求，也进一步熟悉三相电路中一些典型的仪表和三相电器的工作原理及把它们连在同一电路中使用时的接线方式。

二、实训设备

1．工具：电工钳、剥线钳、尖嘴钳、剪刀、一字螺丝刀、十字螺丝刀、万用表；

2．材料：黄、绿、红及黑色（或蓝色）绝缘导线；

3．设备：相应挂箱及部分的可替换配件；

4．负载：一台小功率三相异步电动机。

三、实训步骤及工艺要求

1．实训步骤

（1）按图 5-10 所示接线。

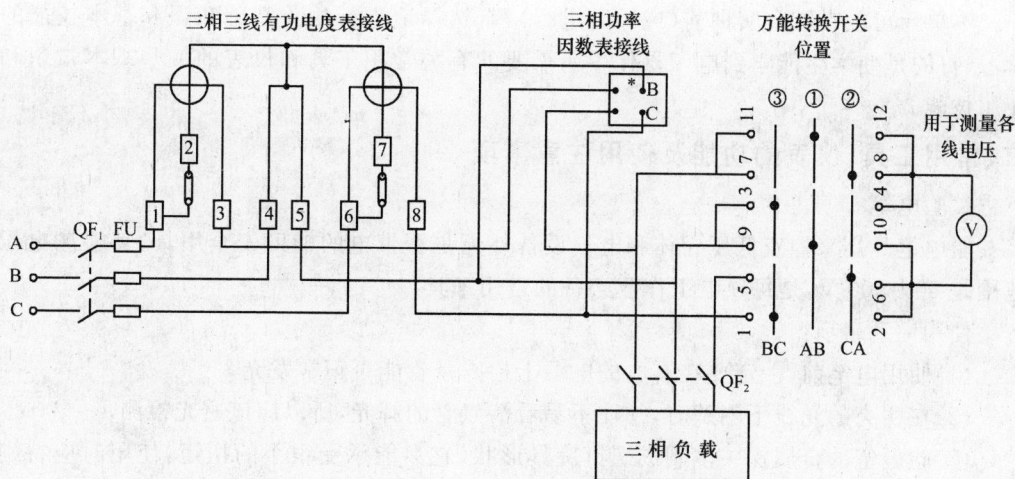

图 5-10　三相典型电路接线图

(2)通电实训。

2.工艺要求

(1)所选导线颜色应符合规范要求,并且导线截面根据负荷性质确定,应满足负荷要求。

(2)开关、灯具及相应器件的安装位置合理、整齐、牢固,并保持完好无损。

(3)导线与电气元件连接紧固,接触良好,不损伤线芯,各相火、零、地线等要求接线位置正确。

(4)通电前还要特别注意三相电路中的相序,各相导线和电器各端子的接线不能接错,否则三相三线有功电度表与三相功率因数表均不能得出正确数据。

(5)通电前后的接线与拆线顺序规范、正确。实训前各开关都要在关闭状态。通电时应先合电源侧开关,再合上负载侧开关;断电与通电顺序相反。

(6)工作中不掉落元件,操作结束做现场清理,工具、材料齐全,摆放整齐,从各个细节都注意做到安全文明生产。

四、实训注意事项

1.操作时应注意人身安全。

2.正确使用工具,避免损坏各元器件或因工具使用不当而伤害自己及他人。

3.通电实训用的电源应可靠地保护,以防因操作不规范或不正确造成人身触电。

4.注意对 A、B、C 三相引出的导线应分别采用黄、绿、红三色导线,而零线应采用黑色(或蓝色)导线,使布线符合规范、不易出错、便于检查。

附录　常用工具和仪表

一、概　述

本单元可放在综合实训前(或同时进行),有选择地进行相关基础知识和基本技能的学习,目的是使学生能学到电工操作中所需要的有关常用工具和仪表的一些基本知识和使用技能。

二、常用工具、仪表的功能及使用注意事项

1.验电笔

验电笔是用来检查低压导体和电气设备外壳是否带电的辅助安全用具,其检测电压范围是 60～500 V,是每项电工作业必备的常用工具。

使用注意事项:

(1)使用电笔前,一定要在有电的电源上检查氖管能否正常发光。

(2)在明亮的光线下测试时,往往不易看清氖管的辉光,所以应该避光检测。

(3)验电笔的金属探头多制成螺钉旋具形状,它只能承受很小的扭矩,使用时应特别注意,以免损坏。

(4)验电笔不可受潮,不可随意拆装或受到剧烈震动,以保证测试可靠。

2.钢丝钳、尖嘴钳、斜口钳

钢丝钳是钳夹和剪切工具。尖嘴钳适用于在狭小的工作空间操作。斜口钳是用来切断单股或多股导线的钳子。

使用注意事项：

(1)使用前必须检查绝缘柄绝缘是否完好。

(2)剪切带电导线时,不得使用刀口同时剪切两根以上的导线,应先剪相线,后剪零线。

(3)钳头不可替代手锤作为敲打工具使用。

3.剥线钳

剥线钳是用来剥除小直径导线绝缘层的专用工具。

使用注意事项：

导线放入钳口时,必须放入比导线直径稍大的刃口,否则,刃口大了绝缘层剥不下,刃口小了会使导线受损或把线剪断。

4.电工刀

电工刀是用来剖削或切割电工器材的常用工具。

使用注意事项：

(1)电工刀使用时应注意避免伤手。

(2)电工刀用完,随即将刀刃折进刀柄。

(3)电工刀柄是无绝缘保护的,不能在带电导线或器材上剖削,以免触电。

5.螺钉旋具

螺钉旋具又称改锥、起子。它是一种紧固和拆卸螺钉的工具。

使用注意事项：

(1)螺钉旋具把手的绝缘应完好无破损,防止使用时造成触电事故。

(2)为了避免螺钉旋具的金属杆触及皮肤或触及邻近带电体,应在金属杆上穿套绝缘管。

6.活络扳手

活络扳手是用来紧固和拧松螺母的一种专用工具。

使用注意事项：

(1)活络扳手不可反用,以免损坏活络扳唇。

(2)活络扳手不可当作撬棒或手锤使用。

7.万用表

万用表是一种多功能、多量程的测量仪表,可测量电压、电流、电阻、电容等电参数。

使用注意事项：

(1)使用前,认真阅读说明书。

(2)使用前,观察表头指针是否指向零位。

(3)测量前,要根据被测电参数的项目和大小,把转换开关拨到合适的位置。

(4)测量时,必须认真核对测量项目与量程,根据选好的测量项目与量程挡,明确标尺上的读数及代表数值,读数时眼睛应位于指针的正上方。

(5)测量完毕,应将转换开关拨到最高交流电压挡,以免下次测量时不慎损坏表头。

注意:若用数字万用表,则可更方便地进行通断判断和进行相关数据的测量。使用前,也需要先认真阅读说明书。

8.兆欧表

兆欧表又称摇表、高阻计或绝缘电阻测定仪。它是一种测量电器设备及电路绝缘电阻的仪表。

使用注意事项:

(1)兆欧表的发电机电压等级应与被测物的耐压水平相适应,以避免被测物的绝缘击穿。

(2)禁止摇测带电设备,双回路架空线路或母线。当一路带电时,不得测量另一路的绝缘电阻,以防高压的感应电危害人身和仪表的安全。

(3)严禁在有人工作的线路上进行测量工作,以免危害人身安全。雷电时禁止用兆欧表在停电的高压线路上测量绝缘电阻。

(4)在兆欧表没有停止转动或被测设备没有放电之前,切勿用手触及被测设备或兆欧表的接线柱。

(5)使用兆欧表摇测设备绝缘时,应由两人担任。

(6)摇测用的导线应使用绝缘线,两根线不能绞在一起,其端部应有绝缘套。

(7)摇测电容器、电力电缆、大容量变压器、电机等容性设备时,兆欧表必须在额定转速状态下,方可将测量笔接触或离开被测设备,以免因电容放电而损坏仪表;测量后,还需对被测设备进行放电。

(8)测量电器设备绝缘时,必须先断电,经放电后才能测量。

(9)测量前,应先检查兆欧表的好坏(短路、开路检查);测量时,将兆欧表平放,均匀加速转动摇柄至 120 r/min 的转速后,再匀速摇测,直到指针基本稳定,方可读数。

三、操作实习

1.用低压验电器测试。

2.螺钉旋具使用的基本功练习。

3.钢丝钳使用基本功练习。

4.用剥线钳剥出线径分别为 0.5 mm、1 mm、1.5 mm 的绝缘导线接头。

5.用电工刀剖削护套线练习,以不伤芯线为标准。

6.用活络扳手拆卸有轻度锈蚀的螺母。

7.用万用表测量交流 380 V、220 V 电压,直流 3 V、6 V 电压,测量若干个小电阻。

8.用 500 V 兆欧表测量电动机对地绝缘电阻。

四、检测考核

1.万用表及兆欧表等的使用。

2.电动机绝缘电阻测量。

3.普通电阻的测量。

4.交流电压、直流电压的测量。

5.导线连接、导线绝缘的处理。

第六篇

电工工艺实训指导

电工工艺实训是电力行业高职高专院校电气、机电类各专业及集控、数控等专业的重要实践性教学课程。

通过实训使学生获得较系统的电工工艺基础知识,掌握室内照明、低压动力配线、低压电气安装的基本知识。了解室外低压线安装操作中的基本技能,并熟悉有关的安全生产知识。

§6-1 部分工具及仪表操作实训

一、实训目的

学会以下常用工具及仪表的使用方法,清楚各工具、仪表的功能及其使用注意事项;同时学习安全知识,熟悉安全规程有关条例,树立牢固的安全意识,为今后从事相关工作打下基础。

二、实训设备

1. 钢丝钳、尖嘴钳、斜口钳

钢丝钳是夹持和剪切工具。尖嘴钳适用于在狭小的工作空间内操作。斜口钳是用来切断单股或多股导线的钳子。

使用注意事项:

(1)使用前必须检查绝缘柄绝缘是否完好。

(2)剪切带电导线时,不得使用刀口同时剪切两根以上的导线,应先剪相线,后剪零线。

(3)钳头不可替代手锤作为敲打工具使用。

2. 冲击电钻

冲击电钻是用在砖结构或混凝土结构建筑物上凿眼、打孔的工具。

使用注意事项:

(1)在钻孔时遇到坚硬物体不能加过大压力,以防钻头退火或冲击钻过载而损坏。

(2)冲击电钻因故突然堵转时,应立即切断电源。

(3)在钻孔过程中应经常把钻头从钻孔中抽出以便排除钻屑。

(4)使用前应检查工具外壳、手柄有无裂缝和是否破损,导线与插头是否完好,工具转动部分是否灵活。

3.电烙铁

电烙铁是利用受热溶化的焊锡,对铜、铜合金、钢和镀锌薄钢板等材料进行焊接的工具。

使用注意事项:

(1)电烙铁用毕,需随时拔去电源插头,以节约用电,延长使用寿命。

(2)不能将通电的电烙铁直接放在地上或其他塑料、木质的物体上,应放在专用的支架上。

4.绝缘手套

绝缘手套是用绝缘性能良好的特种橡胶制成,可以使人的两手与带电体绝缘,防止人体触电,它是 250 V 以下电压作业时的基本安全用具。

使用注意事项:

(1)使用绝缘手套之前,应对外部进行检查,若有漏气和砂眼现象,则不能使用。

(2)长期不用的绝缘手套在使用前应进行耐压实验。

5.验电笔

验电笔除了能检验导体是否带电之外,还可以进行以下几种测试:

(1)区别相线与零线。当验电笔触及导线时,氖管会发光的是相线,不发光的是零线。

(2)区别直流与交流。使氖管的两极发光的是交流,一极发光的是直流。

(3)区别电压的高低。在验电笔的使用范围内,电压越高,氖管越亮。

(4)识别相线碰壳。用验电笔触及设备外壳时,若氖管发亮光,说明相线碰壳。

使用注意事项:

使用之前一定要在有电的电源上检查氖管是否正常发光,为了保证测试可靠,不可随意拆装。使用后,要注意妥善保管,不能受潮。

6.钳形电流表

钳形电流表又称钳形表,它是一种不需断开电路就可直接测量交流电流的携带式仪表。

使用注意事项:

(1)根据测量对象,正确选用不同类型的钳形电流表。

(2)测量时,应使被测导线置于钳口内中心位置,以利于减小测量误差。

(3)注意钳形电流表的电压等级,不得将低压表用于测量高压电路的电流。

(4)量程要适当,先置于最高量程,逐渐下调切换,但是不得在测量过程中切换量程。测量时,应使指针指在刻度的中间段偏上位置。

(5)测量前,应检查钳口开合情况,要求钳口可动部分开合自如,两边钳口结合面接触紧密。

(6)测量时,应戴绝缘手套,站在绝缘垫上,不宜测量裸导线,注意相对带电部分的安全距离,不得触及其他带电部分而引起触电或电路事故。

7.电压表、电流表

电压表、电流表分别用来测量电压、电流的仪表。当测量不同的对象时,应选择不同类型的电压表、电流表。

使用注意事项：

(1)测量电流时,应将电流表串联到电路之中。测量电压时,应将电压表并联到所测电路的两端。

(2)测量时所选电流表、电压表的量程应大于或等于被测量的值,一般所选量程以使指针偏转到 1/2～2/3 以上刻度为宜,以减小测量误差。

(3)对于直流电流表、直流电压表,还要注意极性的正确连接,否则极性连接反了,会使仪表指针反偏,易打断指针。

(4)电压表与电流表两者之间不能替代。

8.功率表

一般用功率表测量交流电路中的功率较多,并且功率表不能单独使用,它必须和电压表与电流表配合起来使用。

使用注意事项：

(1)接线时,应将电流线圈串联,电压线圈并联,千万不能将电流线圈或电压线圈接反。

(2)选择量程时,不能仅仅根据功率的大小来选择量程,功率表量程的选择实际上是功率表电压线圈、电流线圈量程的选择。

9.电度表

电度表是计量用电量的主要工具,其安装地点与安装质量直接影响计量的准确性。

使用注意事项：

(1)电度表应垂直安装,其中心到地面一般为 1.5～1.8 m,且安装在温度为 0～40 ℃、干燥、无振动、无强磁场、无强电场、无腐蚀性气体的场所。

(2)按接线盒的电路进行接线,接入电路中负载的电压和电流不能超过电度表的额定电压与额定电流。

10.直流电桥

直流电桥是一种用来测量电阻的仪器。常用的有直流单臂电桥、直流双臂电桥。

(1)直流单臂电桥

使用方法：

①先打开检流计锁扣,再调节调零器使指针位于零点。

②将被测电阻 R_x 接到标有"R_x"的两个接线柱之间,根据被测电阻的估计数值,把电桥的测量倍率放到适当的位置,将可变电阻调到某一适当位置。

③测量时先按下电源按钮"B",然后按下检流计按钮"G",根据检流计指针摆动方向调节可变电阻。若检流计指针向"+"偏转,表示应加大比较臂电阻。若指针向"-"偏转,则应减小比较臂电阻。反复调节比较臂电阻,直到检流计指零,电桥完全平衡为止。

④测量结束时,应先松开检流计按钮"G",然后方可松开电源按钮"B"。在测量具有较大电感的电阻时,会因断开电源而产生自感电动势,此电动势作用到检流计回路,会使检流计指针撞击损坏,甚至烧坏检流计的线圈。在电桥使用完毕后应将检流计指针锁上。

使用注意事项：

①直流单臂电桥在使用时,应根据被测电阻的大小,选择合适的比例臂比率,并将 4 个比较臂的 4 个读数盘都加以利用,以提高测量的准确度。

②测量前,先将检流计的锁扣打开,并调节调零器,使指针位于机械零点,以免产生误差。

③测量端钮与被测电阻的连线,应尽量使用截面较大的短接导线,避免采用线夹,以提高测量的准确度和防止损坏检流计。

④连接时,应将接线柱拧紧,以减小连接线的电阻与接触电阻;接头的接触应良好,否则不仅接触电阻大,而且还会使电桥的平衡处于不稳定状态,严重时甚至损坏检流计。

⑤电池电压不足会影响电桥的灵敏度,若电池电压太低,应及时更换电池。

⑥电桥使用完毕,应先切断电源,然后拆除被测电阻,将检流计的锁扣锁上,以防止搬移过程中震断悬丝。

(2)直流双臂电桥

使用方法：

①测量前,在外壳的底部的电池盒内,装入 1.5 V 1 号电池 6 节并联使用及 6F22 型 9 V 电池 2 节并联使用。若用外接直流电源 1.5～2 V 时,电池盒内的 1.5 V 电池应预先全部取出。

②应使用 4 根接线连接被测电阻,不得将电位接头与电流接头接于同一点,否则测量结果会产生误差。

③K_1 开关接到"通"位置时,晶体管放大电源接通,等待 5 min 后,调节检流计指针指在零位上。

④估计被测电阻的大小,选择适当的倍率,先按下"B"按钮,再按下"G"按钮,调节步进和滑线盘,使指针指在零位上,电桥平衡,被测电阻按下式计算

$$被测电阻\ R_X＝倍率读数×(步进盘读数＋滑线盘读数)$$

⑤如图 6-1(a)所示,从被测电阻电位接头 P_1、P_2 所引的接线应比从电流接线 C_1、C_2 引出的接线更靠近被测电阻。

⑥测量没有专门的电流接线和电位接头的电机和变压器等电阻时,可自行根据上述原则引出四个接头,如图 6-1(b)所示。

⑦在测量未知电阻时,为保护检流计指针不被打坏,检流计的灵敏度旋钮应放在最低位置,使电桥初步平衡后再增加检流计灵敏度。在改变检流计灵敏度时或环境等因素的影响有时会使指针偏离零位,因此在测量之前,随时都可以调节检流计零位。

⑧直流双臂电桥的工作电流很大,测量时操作要快,以免耗电过多,测量结束后应立即切断电源。

使用注意事项：

①在测量电感电路的直流电阻时,应先按下"B"按钮,再按下"G"按钮;断开时,应先断开"G"按钮,再断开"B"按钮。

②在测量 0.1 Ω 以下阻值时,"B"按钮应间歇使用。

③在测量 0.1 Ω 以下阻值时,C_1、P_1、P_2、C_2 接线柱到被测电阻之间的连接导线电阻

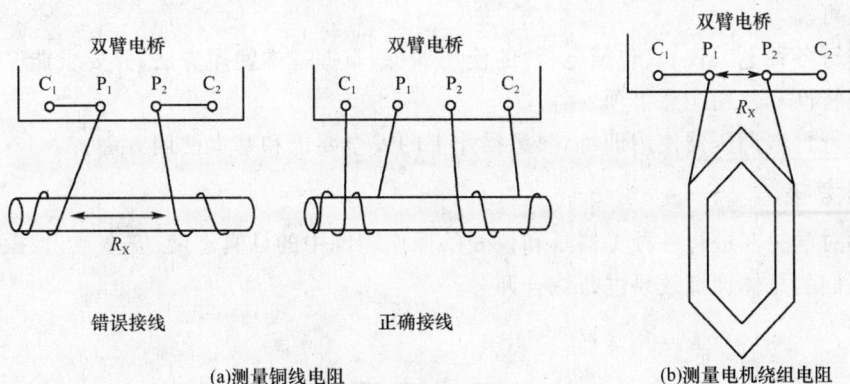

图 6-1　用直流双臂电桥测量铜线电阻和电机绕组电阻接线图

为 $0.005\sim0.01\ \Omega$；测量其他阻值时，连接导线电阻可不大于 $0.05\ \Omega$。

④电桥使用完毕后，"B"与"G"按钮应松开。K_1 开关应放在"断"位置，避免浪费检流计放大器工作电源。

⑤如电桥长期搁置不用，应将电池取出。

11.自耦调压器

自耦调压器是交流电路中常用的调节电压的设备，有三相自耦调压器和单相自耦调压器。在三相交流电路中调节电压时，选用三相自耦调压器或用三个单相自耦调压器连接起来。在单相交流电路需要调节电压时，选用单相自耦调压器。

使用方法：

(1)电源接自耦调压器的输入端为 A、X，一般要求 X 端接电源的零线，A 端接电源的相线(俗称火线)。负载接自耦调压器的输出端为 a、x。

(2)使用自耦调压器时，在合闸和拉闸之前应使其输出电压为零。即合闸后，从 0 V 慢慢升高电压，同时应严密监视有关仪表指针的偏转情况是否正常。测量完毕后，应先将调压器的输出电压退到零以后，再关闭电源闸刀。

使用注意事项：

(1)测量值不能超过自耦调压器规定的额定电流值和额定电压值。

(2)对于有中间抽头的自耦调压器，其 110 V 挡不能连在 220 V 的电源上，否则会烧坏自耦调压器。

(3)不能将自耦调压器的输出端接电源、输入端接负载。

三、实训内容

1.用钢丝钳、尖嘴钳、斜口钳进行使用基本功练习。

2.用冲击电钻在废弃的砖结构或混凝土结构上作凿眼、打孔等使用基本功练习，熟悉相关要领并注意安全。

3.使用电烙铁进行基本功练习。

4.使用绝缘手套，清楚其使用范围(250 V 以下电压作业时使用)，特别注意在使用前检查其性能的方法。

5.学习验电笔的基本使用方法，特别注意使用之前在有电电源上进行的性能检查，以保证测试可靠。

6.进行各种电工仪表(包括电桥)的使用训练,掌握基本使用方法,并要求能区分出不同仪表的特性和使用注意事项。

7.进行自耦调压器使用训练,熟悉操作上的安全要求和基本使用方法。

四、检测考核

教师对学生在进行各种工器具和仪表的操作训练中的认真态度、安全意识、操作规范情况及他们的总体训练效果进行综合评分。

§6-2 室内配线及照明设备安装

一、实训目的

1.熟悉室内配线的原则和要求,导线的种类、规格及使用型号。

2.掌握低压配电线路的各种施工方法和基本工艺。

二、实训设备

1.工具:电工钳、剥线钳、尖嘴钳、剪刀、一字螺丝刀、十字螺丝刀、万用表;

2.材料:聚氯乙烯绝缘导线;

3.需要装设的设备:单相电度表1个、剩余电流动作保护器1个、双极小型断路器2个、单极小型断路器3个、单相五孔插座2个、单相三孔插座1个、一位双控开关2个、二位单控开关1个、白炽灯具1套、吸顶灯具1套、日光灯具1套。

三、实训步骤及工艺要求

1.实训步骤

(1)根据图6-2所示原理接线图和负载情况选择导线。

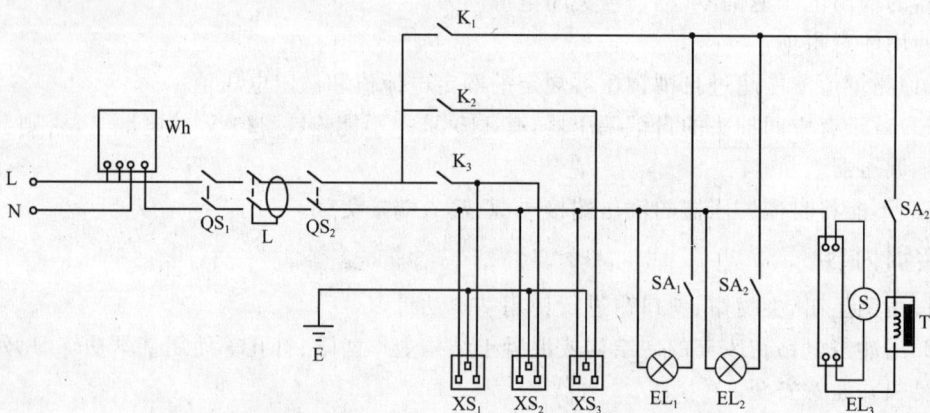

图 6-2 室内照明设备原理接线图

Wh—单相电度表;L—剩余电流动作保护器;QS$_1$、QS$_2$—双极小型断路器;K$_1$、K$_2$、K$_3$—单极小型断路器;

XS$_1$、XS$_2$—单相五孔插座;XS$_3$—单相三孔插座;SA$_1$——位双控开关;SA$_2$—二位单控开关;

EL$_1$—白炽灯;EL$_2$—吸顶灯;EL$_3$—日光灯;S—启辉器;T—镇流器

（2）在指定的位置上配线，并安装附件。

（3）接灯及相应器件。

（4）通电实训。

2.工艺要求

（1）所选导线颜色应符合零、火、地线要求，并分别对应零、火、地线，导线截面根据负荷性质确定，应满足负荷要求。

（2）开关、灯具及相应器件的安装位置合理、整齐、牢固，并保持完好无损。

（3）导线与电气元件连接紧固，接触良好，不损伤线芯，圆环质量好，顺时针绕向，接（分）线盒内导线连接方法正确，缠绕紧密，开关控制火线，灯头、插座、火线、零线、地线位置接线正确，各接线盒内导线余量为 $100\sim200$ mm。

（4）槽板内的导线不得有接头，槽板配线的连接应采用在开关等电器内头攻头方式或采用接线盒。

（5）固定盖板应与敷设导线同时进行，边敷线边将盖板固定在底板上。盖板连接时，端口剪平，且盖板接口与底板接口应错开，其间距应大于 20 mm，槽板在转角处连接时，应把两根槽板端部各剪成 45°，并在拼缝两边的底板上增设固定点。

（6）槽板在 T 形分支连接时，在连接处把底槽的侧边用剪刀剪掉后铲平。

（7）槽板在一个平面转向另一个平面时，应将朝内转折的槽板底板、盖板都切成 Λ 形，而将朝外转折的槽板底板、盖板都切成 Ⅴ 形。

（8）通电前后的接线与拆线顺序规范、正确。实训前各开关都要在关闭状态。通电时应先合电源侧开关，再合上负载侧开关；断电与通电顺序相反。

（9）工作中不掉落元件，操作结束做现场清理，工具、材料齐全，摆放整齐，无人身不安全现象发生，做到安全文明生产。

四、实训注意事项

（1）操作时应注意人身安全。

（2）正确使用工具，避免损坏各元器件或因工具使用不当而伤害自己及他人。

（3）通电实训用的电源应可靠地保护，以防因操作不规范或不正确造成人身触电。

五、检测考核

序　号	考核项目	考核内容	配　分
1	着装及工具、材料各元件的准备	穿戴不整齐或未穿工作服扣 2 分 工具、材料及各元件准备不齐全或未作检查扣 3 分 导线选错每处扣 1 分	5
2	工具、材料的使用	工具使用不正确扣 2 分 浪费导线扣 2～3 分	5
3	电表、开关、灯具及其相应器件的安装	安装位置不合理、不整齐、不牢固扣 5 分 损坏元件每个扣 5 分	15

（续表）

序 号	考核项目	考核内容	配 分
4	线路敷设工艺	线路敷设错误扣 5 分 导线在槽板内缠绕每处扣 2～3 分 槽板端口连接不正确每处扣 2～3 分 盖板松动每处扣 1～2 分 槽板内导线露出每处扣 5 分	20
5	接线工艺	导线线芯损伤、导线与电气元件连接松动扣 2 分 线芯裸露过长扣 1～2 分 圆环质量差或绕向错误扣 2～3 分 导线连接工艺差或连接方法不对扣 3～5 分 接头增多扣 2～3 分 导线在盒内余量过长或过短扣 2～3 分 开关控制零线,灯头、插座、火线、零线、地线位置接错扣 5 分	25
6	通电实训	通电实训操作不规范、顺序不正确扣 3～5 分 一处故障扣 5 分 两处故障或发生短路故障扣 10 分	20
7	安全文明生产	掉落元件扣 2 分 造成人身不安全现象,视情节轻重扣 5～10 分	10

§6-3　低压电器安装及检修

一、实训目的

1.掌握常用低压电器的接线。

2.掌握各种低压开关电器和熔断器的结构、特性及应用。

3.熟悉低压负荷线路主要电器的配置原则。

4.熟悉各种低压电器常见故障及处理方法。

二、实训设备

交流接触器 2 只、热继电器 1 只、三联按钮 1 只、熔断器 5 只、电源开关 1 块、端子排 3 节、三相异步电动机 1 台。

三、实训原理

电动机正反转控制线路原理接线图如图 6-3 所示。

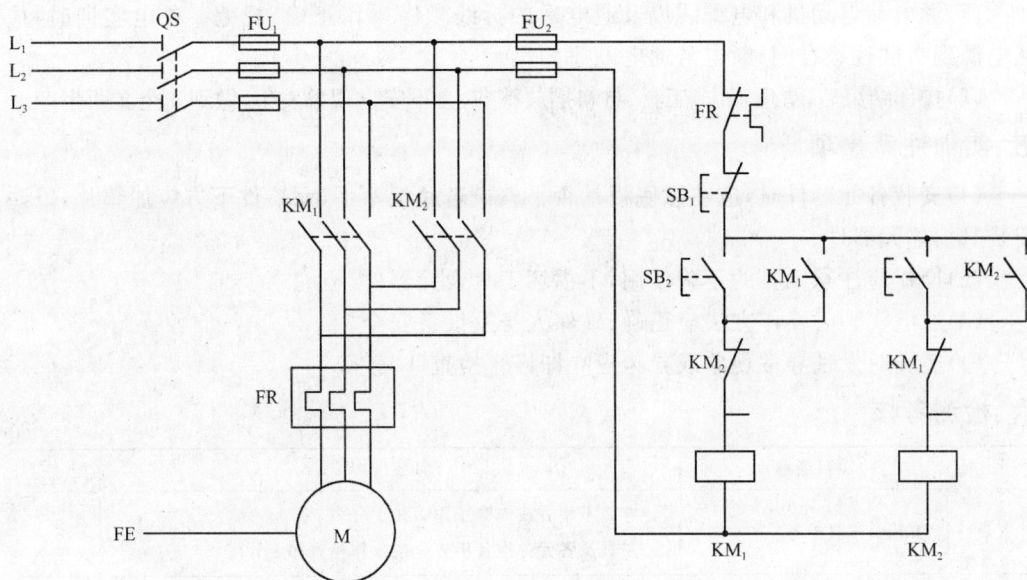

图 6-3　电动机正反转控制线路原理接线图

四、实训步骤及工艺要求

1.实训步骤

(1)安装前的准备工作(选择工具、材料及元器件)。

(2)按照图 6-3 所示在指定位置进行电气元件的安装。

(3)按工艺要求进行线路敷设。

(4)通电实训。

2.工艺要求

(1)按照图 6-3 所示,导线及元件选择正确、合理。主回路与控制回路导线截面应满足负载要求,还应采用不同颜色加以区分。各元件选择均应满足负载要求,主回路中电器的额定电流应大于或等于电动机额定电流。电动机额定电流可由铭牌中查到,对 380 V 电动机也可按 2 A/kW 来计算,而线圈电压则应按控制电路所用电源电压来选择。

(2)合理布置、安装元件,元件固定整齐、牢固,并保持完好无损。

(3)正确接线,线路敷设横平竖直、面无交叉、跨越得当,主回路和控制回路分开,走向合理、整齐美观。

(4)导线压接紧固,螺钉不压绝缘层,不伤线芯,线芯裸露不大于 1 mm,圆环质量好,顺时针绕向,尼龙扎带绑扎牢固、均匀(间隔 80~100 mm),方向一致,接线板(端子排)到按钮采用多股铜芯软线,接点接线无毛刺,同一点不超过 2 根导线,编码套管齐全,标号正确。

(5)熔体选择和安装正确。主回路熔件的额定电流应不大于 1.5~2.5 倍电动机额定电流,控制回路熔体的额定电流按 2 A 考虑。安装熔丝时,应顺时针绕向,螺钉压接松紧适当。安装熔管时,带点的一侧朝上,上帽应旋紧,各部分接触良好。

(6)热继电器整定正确,热继电器的动作电流按电动机额定电流的 1.1~1.5 倍整定。

(7)通电前电动机和电源线以及通电后的拆线顺序操作正确、规范。通电实训时,应从电源到负载逐级合闸;断电与通电顺序相反。

(8)操作结束后,清理工位,工具、材料摆放整齐,无不安全现象发生,做到安全文明生产。

五、实训注意事项

(1)安装各元器件时,应注意底板是否平整。若底板不平,元器件下方应加垫片,以防安装时损坏元器件。

(2)操作应注意工具的正确使用,不损坏工具及元器件。

(3)通电实训时操作方法应正确,确保人身及设备安全。

(4)实训时发现异常现象或异味应立即停止检查。

六、检测考核

序 号	项目名称	考核内容	配 分
1	着装及工具准备	穿戴不整齐或未穿工作服扣 2 分 工具及各元件准备不齐全或未作检查扣 3 分	5
2	导线、元件选择及安装	主、控线路导线选错扣 5 分 元件选错扣 2 分 元件布置不合理、不整齐或安装松动扣 2 分	10
3	接线工艺	不按电路图接线扣 8 分 导线压接松动、线芯裸露过长、压绝缘层、损伤线芯、有毛刺每项扣 2 分 尼龙扎带绑扎不符合要求扣 1 分 圆环质量差或绕向不对扣 2～3 分 有接点超过 2 根线扣 2 分 编码套管不全或标号错误扣 1 分	25
4	布线工艺	导线走向不合理扣 2 分 主控回路导线不分开、跨越不当或有交叉扣 3 分 线路敷设工艺差、布线整体不美观扣 3 分,乱线敷设扣 10 分	25
5	通电实训	电源线、电动机接线与拆线不规范、顺序不正确扣 5 分 热继电器未进行整定或整定错误扣 5 分 熔芯配错、未装或反装扣 3 分 第一次启动不成功扣 10 分 第二次启动不成功或发生短路故障扣 15 分	25
6	安全文明生产	损坏元件、工具扣 5 分 工具乱放、浪费材料扣 5 分 造成人身伤害事故扣该项总分,本操作总分为 0 分	10